1. Das Sachproblem des Datenschut

Vordergründiger Anlass, den Datenschutz als Problem bewusst zu machen, war das schnelle Vordringen des Computers in den Bereich des Berichts-, Informations- und Steuerungswesens.

Das Problem bestand schon immer, nur wurde es früher bzw. bei herkömmlichen Systemen nicht in der Deutlichkeit diskutiert. Dadurch, dass diese Datensammlungen auf viele beteiligte Stellen verteilt und die Datenaufbewahrungen überwiegend nur geringfügig formal geordnet waren, war die informatorische Auswertung über die Gesamtheit eines schutzbedürftigen Datenbestandes nur mit einem erheblichen Aufwand möglich.

Mit dem Einsatz großer, umfassender computergestützter Informationssysteme und leistungsstarker Personal Computer, die häufig mit Großrechnern vernetzt sind, ergeben sich völlig andere Systembedingungen. Durch die Zentralisierung der aktuellen Informationen und durch die technisch-/organisatorischen Zugriffsmöglichkeiten kann über das Gesamtdatenbild an jeder beliebigen, organisatorisch gewünschten Stelle verfügt werden.

Bei dieser veränderten Situation ergibt sich eine ganze Reihe berechtigter Fragen:
- Was wird gespeichert?
- Wer hat Zugriff zu den Speicherinhalten?
- Wer kontrolliert die Wahrheit und Berechtigung der Daten, die gespeichert werden?
- Erfahre ich, was über mich gespeichert ist oder wird?
- Kann ich mich evtl. dagegen wehren?
- Wie wird sichergestellt, dass nur berechtigte Personen Zugriff zu den jeweiligen Speicherinhalten haben?
- Wie wird die missbräuchliche Verwendung von Daten verhindert?

<u>Wir stehen also vor der Frage zwischen z. T. divergierenden Rechten eine vernünftige Balance zu finden.</u>

Für die Benutzer personenbezogener Daten muss gewährleistet sein, dass sie ihre Aufgabe in Verwaltung und Wirtschaft auf einer soliden Informationsbasis erfüllen können. Das dient letztlich allen Menschen.

Gleichzeitig muss aber dafür gesorgt werden, dass mißbräuchliche Verwendung, die Verwendung falscher Daten, Datenzerstörung usw. verhindert werden.

Unter den veränderten Verhältnissen braucht der Datenschutz als Schutz der Privatsphäre einen klaren gesetzlichen Rahmen.

In einem solchen Gesetz muss vordringlich geregelt werden,
- unter welchen Voraussetzungen personenbezogene Daten gespeichert oder sonstwie verarbeitet werden dürfen,
- wie die Vertraulichkeit im Umgang mit personenbezogenen Daten kontrolliert und gewährleistet wird und
- wie für den Betroffenen die Transparenz für die über seine Person gespeicherten und verwendeten Daten hergestellt wird.

Das Bundesdatenschutzgesetz regelt dies sowohl für die öffentliche Verwaltung als auch für die Wirtschaft.

Das neue Bundesdatenschutzgesetz ist am 23. Mai 2001 in Kraft getreten (BGBl. I S. 904)

Mit diesem Gesetz kommt Deutschland der Verpflichtung nach, die Richtlinie 95/46/EG des Europäischen Parlaments und des Rates vom 24. Oktober 1995 zum Schutz natürlicher Personen bei der Verarbeitung personenbezogener Daten und zum freien Datenverkehr – EG-Datenschutzrichtlinie – in nationales Recht umzusetzen. Zudem werden wichtige Eckpunkte für ein modernes Datenschutzrecht aufgegriffen. Hierzu zählen Regelungen zur Videoüberwachung des öffentlich zugänglichen Raumes, wozu u.a. Einkaufspassagen, Bahnsteige oder auch Museen gehören, zum Einsatz von Chipkarten und zum so genannten Datenschutzaudit, das mit einem Zertifikat für die Qualität der getroffenen Datenschutzmaßnahmen vergleichbar ist; sowie ein Gebot der datenminimierenden Datenverarbeitung und daran orientierter Technik.

Mit dem Gesetz wird für die Bürgerinnen und Bürger sowie für die Wirtschaft im europäischen Binnenmarkt ein einheitliches Datenschutzniveau geschaffen. Durch Informationspflichten wird darüber hinaus die Transparenz der Datenverarbeitung verbessert.

2. Sachprobleme der Datensicherung

Hinsichtlich der Datensicherheit wiesen herkömmliche Systeme eine relativ große Fehleranfälligkeit auf. Sie wurden daher nur mit Vorsicht und meist nur für kleine Teilketten eines Organisationsablaufs eingesetzt. Es wurden viele menschliche Kontrollketten eingebaut. Eine auf Menschen basierende Kontrollkette hat jedoch wegen der menschlichen Schwächen und Unzulänglichkeiten (z. B. falsche Interpretation von Sachverhalten, nicht konzentriertes Arbeiten) die Tendenz, mit der Dauer ihres Bestehens ständig an Wirksamkeit zu verlieren.

Bei computergestützten Systemen ist die Datensicherung schon aus der maschinellen Komponente heraus sehr hoch. Dies ist auch die Voraussetzung dafür, dass komplexe Prozesszusammenhänge direkt ohne Zwischenschaltung menschlicher Interpretations- und Kontrollinstanzen gesteuert werden. Somit wird einerseits das Fehlerrisiko im Einzelnen vermindert, andererseits aber der Gefahrenwert einer trotzdem erfolgenden Fehlsteuerung um mehrere Zehnerpotenzen erhöht. Das System wird in hohem Maße schutzbedürftig gegen Fehlverarbeitung von Daten (z. B. durch ungenügend abgesicherte Programme), gegen Datenverfälschung, Datenverlust, Datenzerstörung (z. B. infolge Sabotage) usw.

In der Praxis arbeitet man heute vorwiegend mit einzelnen punktuellen Maßnahmen. Der Verfasser ist jedoch der Ansicht, dass nur ein umfassend integriertes Datensicherungssystem echten Schutz bieten kann. Deshalb muss man in Wirtschaft und Verwaltung zunächst versuchen, Hardware-, Software- und Orgware-Sicherungen gemeinsam in ein System einzuordnen und aufzubauen.

3. Aufbau und Inhalt des Bundesdatenschutzgesetzes

Dieses Gesetz ist in sechs Abschnitte unterteilt.

Im ersten Abschnitt (§§ 1 bis 11) sind allgemeine und gemeinsame Bestimmungen für alle Anwendungsbereiche zu finden. Dann folgen die Einzelbestimmungen für die unterschiedlichen Anwendungsbereiche, und zwar:

- Im Abschnitt II (§§ 12 bis 26) für die öffentlichen Stellen des Bundes und der ihm angeschlossenen Körperschaften, Anstalten und Stiftungen. Für die Behörden aller Bereiche – Länder, Kommunen etc. – wurden eigene Landesdatenschutzgesetze mit Anlehnung an das BDSG verabschiedet.

  Der Abschnitt II unterteilt sich in 3 Unterabschnitte.

  1. Rechtsgrundlagen der Datenverarbeitung
     (§§ 12 bis 18)
  2. Rechte des Betroffenen
     (§§ 19 bis 21)
  3. Bundesbeauftragter für den Datenschutz
     und die Informationsfreiheit
     (§§ 22 bis 26)

- im Abschnitt III (§§ 27 bis 38) für die nicht-öffentlichen Stellen und öffentlich-rechtlicher Wettbewerbsunternehmen.

  Der Abschnitt III unterteilt sich in 3 Unterabschnitte.

  1. Rechtsgrundlagen der Datenverarbeitung
     (§§ 27 bis 31)
  2. Rechte der Betroffenen
     (§§ 33 bis 35)
  3. Aufsichtsbehörde
     (§§ 38 und 38a)

Der Abschnitt IV (§§ 39 bis 42) ist Sondervorschriften gewidmet, die

§ 39   einer Zweckbindung bei personenbezogenen Daten, die einem Berufs- oder besonderen Amtsgeheimnis unterliegen
§ 40   die Verarbeitung und Nutzung personenbezogener Daten durch Forschungseinrichtungen regeln
§ 41   die Erhebung, Verarbeitung und Nutzung personenbezogener Daten durch die Medien regeln
§ 42   der Datenschutzbeauftragte der Deutschen Welle

Im fünften Abschnitt (§§ 43 und 44) sind Straf- und Bußgeld geregelt.

§ 43   Bußgeldvorschriften
§ 44   Strafvorschriften

Der sechste Abschnitt regelt Übergangsvorschriften.

In einer Übersicht lässt sich die Gliederung des BDSG wie folgt darstellen:

Abschnitt I: Allgemeine Bestimmungen
- Zweck und Anwendungsbereich des Gesetzes
- Öffentliche und nicht-öffentliche Stellen
- Weitere Begriffsbestimmungen
- Zulässigkeit der Datenverarbeitung und -nutzung
- Datengeheimnis
- Unabdingbare Rechte des Betroffenen
- Schadensersatz
- Schadensersatz durch öffentliche Stellen
- Technische und organisatorische Maßnahmen
- Einrichtung automatisierter Abrufverfahren
- Erhebung, Verarbeitung oder Nutzung personenbezogener Daten im Auftrag

---

Abschnitt II DV der öffentlichen Stellen:	Abschnitt III DV nicht-öffentl. Stellen u. öffentl. rechtl. Wettbe- werbsunternehmen	Abschnitt IV Sondervorschriften:

– Rechtsgrund-
  lagen der DV
 	
– Rechte der
  Betroffenen
 	
– Bundesbeauf-
  tragter für den
  Datenschutz
	– Rechtsgrund-
	  lagen der DV
	
	– Rechte der
	  Betroffenen
	
	– Aufsichtsbehörde
		– Funktionen mit
		  Berufs-/Amtsge-
		  heimnis
		
		– Forschungsein-
		  richtungen
		
		– Medien
		
		– Deutsche Welle

Abschnitt V: Strafvorschriften, Bußgeldvorschriften

Abschnitt VI: Übergangsvorschriften

Der <u>Zweck des Datenschutzes</u> ist nach § 1 Abs. 1 wie folgt definiert:

„Zweck dieses Gesetzes ist es, den Einzelnen davor zu schützen, dass er durch den Umgang mit seinen personenbezogenen Daten in seinem Persönlichkeitsrecht beeinträchtigt wird."

„Das Gesetz gilt für die Erhebung, Verarbeitung und Nutzung personenbezogener Daten durch

1. öffentliche Stellen des Bundes,
2. öffentliche Stellen der Länder, soweit der Datenschutz nicht durch Landesgesetz geregelt ist und soweit sie
   a) Bundesrecht ausführen oder
   b) als Organe der Rechtspflege tätig werden und es sich nicht um Verwaltungsangelegenheiten handelt,
3. nicht öffentliche Stellen, soweit sie die Daten unter Einsatz von Datenverarbeitungsanlagen verarbeiten, nutzen oder dafür erheben

oder die Daten in oder aus nicht automatisierten Dateien verarbeiten, nutzen oder dafür erheben, es sei denn, die Erhebung, Verarbeitung oder Nutzung der Daten erfolgt ausschließlich für persönliche oder familiäre Tätigkeiten."

Unter „personenbezogenen Daten" werden nach § 3 Abs. 1 „Einzelangaben über persönliche oder sachliche Verhältnisse einer bestimmten oder bestimmbaren natürlichen Person (Betroffener)" verstanden.

Eine weitere Voraussetzung für die Anwendung des BDSG ist, dass die personenbezogenen Daten in Dateien verarbeitet werden.

Der Abs. 2 des § 3 führt aus:

„Automatisierte Verarbeitung ist die Erhebung, Verarbeitung oder Nutzung personenbezogener Daten unter Einsatz von Datenverarbeitungsanlagen. Eine nicht automatisierte Datei ist jede nicht automatisierte Sammlung personenbezogener Daten, die gleichartig aufgebaut ist und nach bestimmten Merkmalen zugänglich ist und ausgewertet werden kann."

Nach § 4 ist die Verarbeitung personenbezogener Daten und deren Nutzung nur zulässig, wenn das BDSG oder eine andere Rechtsvorschrift sie erlaubt oder anordnet oder wenn der Betroffene eingewilligt hat.

„Personenbezogene Daten sind beim Betroffenen zu erheben. Ohne seine Mitwirkung dürfen sie nur erhoben werden, wenn

1. eine Rechtsvorschrift dies vorsieht oder zwingend voraussetzt oder

2. a) die zu erfüllende Verwaltungsaufgabe ihrer Art nach oder der Geschäftszweck eine Erhebung bei anderen Personen oder Stellen erforderlich macht oder
   b) die Erhebung beim Betroffenen einen unverhältnismäßigen Aufwand erfordern würde und keine Anhaltspunkte dafür bestehen, dass überwiegende schutzwürdige Interessen des Betroffenen beeinträchtigt werden."

Der Betroffene kann nach § 19, Abs. 1 die Richtigkeit der zu seiner Person gespeicherten Daten, auch soweit sie sich auf Herkunft oder Empfänger dieser Daten beziehen, überprüfen, indem er bei der speichernden Stelle Auskunft verlangen kann.

Die bei der Datenverarbeitung beschäftigten Personen dürfen nach § 5 die geschützten personenbezogenen Daten nur zur jeweiligen rechtmäßigen Aufgabenerfüllung nutzen und sind, soweit sie bei nicht-öffentlichen Stellen beschäftigt werden, bei Aufnahme ihrer Tätigkeit auf das Datengeheimnis zu verpflichten.

Um die Ausführung der Vorschriften des BDSG zu gewährleisten, fordert der Gesetzgeber technische und organisatorische Maßnahmen (Datensicherung).

Im § 9 wird gesagt, dass alle öffentlichen und nicht-öffentlichen Stellen, die selbst oder im Auftrag personenbezogene Daten verarbeiten, die technischen und organisatorischen Maßnahmen zu treffen haben, die erforderlich sind, um die Ausführung der Vorschriften dieses Gesetzes, inbesondere die in der Anlage genannten Anforderungen, zu gewährleisten. Die Maßnahmen werden nur dann für erforderlich gehalten, wenn ihr Aufwand in einem angemessenen Verhältnis zu dem angestrebten Schutzzweck steht.

Die im § 9, Satz 1 genannte Anlage hat folgenden Wortlaut:

„Werden personenbezogene Daten automatisiert verarbeitet oder genutzt, ist die innerbehördliche oder innerbetriebliche Organisation so zu gestalten, dass sie den besonderen Anforderungen des Datenschutzes gerecht wird. Dabei sind insbesondere Maßnahmen zu treffen, die je nach der Art der zu schützenden personenbezogenen Daten oder Datenkategorien geeignet sind,

1. Unbefugten den Zutritt zu Datenverarbeitungsanlagen, mit denen personenbezogene Daten verarbeitet oder genutzt werden, zu verwehren (Zutrittskontrolle),
2. zu verhindern, dass Datenverarbeitungssysteme von Unbefugten genutzt werden können (Zugangskontrolle),

3. zu gewährleisten, dass die zur Benutzung eines Datenverarbeitungs-
   systems Berechtigten ausschließlich auf die ihrer Zugriffs-
   berechtigung unterliegenden Daten zugreifen können, und
   dass personenbezogene Daten bei der Verarbeitung, Nutzung
   und nach der Speicherung nicht unbefugt gelesen, kopiert,
   verändert oder entfernt werden können (Zugriffskontrolle),
4. zu gewährleisten, dass personenbezogene Daten bei der elektronischen Übertragung oder während ihres Transports oder ihrer
   Speicherung auf Datenträger nicht unbefugt gelesen, kopiert,
   verändert oder entfernt werden können, und dass überprüft und
   festgestellt werden kann, an welche Stellen eine Übermittlung
   personenbezogener Daten durch Einrichtungen zur Datenübertragung
   vorgesehen ist (Weitergabekontrolle),
5. zu gewährleisten, dass nachträglich überprüft und festgestellt
   werden kann, ob und von wem personenbezogene Daten in
   Datenverarbeitungssysteme eingegeben, verändert oder entfernt
   worden sind (Eingabekontrolle),
6. zu gewährleisten, dass personenbezogene Daten, die im Auftrag
   verarbeitet werden, nur entsprechend den Weisungen des Auftraggebers verarbeitet werden können (Auftragskontrolle),
7. zu gewährleisten, dass personenbezogene Daten gegen zufällige
   Zerstörung oder Verlust geschützt sind (Verfügbarkeitskontrolle),
8. zu gewährleisten, dass zu unterschiedlichen Zwecken erhobene Daten
   getrennt verarbeitet werden können."

Die in der Anlage genannten Anforderungen können nach dem
jeweiligen Stand der Technik und Organisation fortgeschrieben werden,
wobei man sich insbesondere an vergleichbaren Verfahren, Einrichtungen oder Betriebsweisen orientieren wird, die mit Erfolg im Betrieb
erprobt worden sind.
Ein bei der Verarbeitung personenbezogener Daten zu beachtender
Grundsatz ist ein abgestimmter und ausgewogener Interessenausgleich
zwischen den schutzwürdigen Belangen des Betroffenen auf der einen
Seite, wobei auf der anderen Seite die berechtigten Interessen der
speichernden, übermittelnden oder empfangenden Stelle, eines Dritten
oder der Allgemeinheit in gebührendem Maße zu berücksichtigen sind.

Das Gesetz zur Änderung des Bundesdatenschutzgesetzes (BDSG)
hat in § 9a neu geregelt den Datenschutzaudit.
Die Bestimmungen hierfür sind:

„Zur Verbesserung des Datenschutzes und der Datensicherheit
können Anbieter von Datenverarbeitungssystemen und -programmen
und datenverarbeitende Stellen ihr Datenschutzkonzept sowie ihre
technischen Einrichtungen durch unabhängige und zugelassene
Gutachter prüfen und bewerten lassen sowie das Ergebnis der Prüfung
veröffentlichen. Die näheren Anforderungen an die Prüfung und
Bewertung, das Verfahren sowie die Auswahl und Zulassung der
Gutachter werden durch besonderes Gesetz geregelt."

Im BDSG wird der Umgang mit den personenbezogenen Daten geregelt. Die Datenspeicherung, die Veränderung und die Nutzung, wozu
auch das Erheben zählt, ist im öffentlichen Bereich (Abschnitt II) zulässig, wenn es zur Erfüllung der in der Zuständigkeit der speichernden
Stelle liegenden Aufgaben erforderlich ist.

Bei der Datenerhebung für eine Speicherung ist auf eine Rechtsvorschrift oder die Freiwilligkeit hinzuweisen. Im privatwirtschaftlichen
Bereich der Datenverarbeitung für eigene Zwecke (Abschnitt III) dürfen
Daten im Rahmen der Zweckbestimmung eines Vertragsverhältnisses
oder vertragsähnlichen Vertrauensverhältnisses mit dem Betroffenen
oder zur Wahrung berechtigter Interessen der speichernden Stelle
oder aus allgemeinen Quellen entnommen oder im Interesse der
speichernden Stelle zur Durchführung wissenschaftlicher Forschung
gespeichert werden, soweit kein Grund zur Annahme besteht, dass das
schutzwürdige Interesse des Betroffenen an dem Ausschluss der
Verarbeitung oder Nutzung überwiegt.

Die Datenübermittlung (das Bekanntgeben gespeicherter oder gewonnener Daten an Dritte und auch das Bereitstellen von Daten zum Abruf
durch Dritte) im öffentlichen Bereich ist in den §§15, 16 bzw. 17, für den
privaten Bereich in §§ 28, Abs. 2, 29 bzw. 30 geregelt.

Die Übermittlung personenbezogener Daten an nicht-öffentliche
Stellen ist zulässig, wenn sie zur Erfüllung der in der Zuständigkeit der

übermittelnden Stelle liegenden Aufgaben erforderlich ist und Voraussetzungen vorliegen, die eine Nutzung nach § 14 zulassen würden oder wenn der Empfänger ein berechtigtes Interesse glaubhaft macht.

Im Abschnitt III ist die Zulässigkeit der Datenübermittlung an ein Vertragsverhältnis oder vertragsähnliches Vertrauensverhältnis mit dem Betroffenen oder an berechtigte Interessen der speichernden Stelle oder an allgemein zugänglichen Quellen oder an die Durchführung wissenschaftlicher Forschung geknüpft.

Überwiegt das schutzwürdige Interesse des Betroffenen, ist die Verarbeitung und Nutzung auszuschließen.

Eine erleichterte Übermittlung oder Nutzung ist zulässig zur Wahrung berechtigter Interessen Dritter oder des öffentlichen Interesses oder wenn es sich um listenmäßig oder sonst zusammengefasste Daten über Angehörige einer Personengruppe handelt.

Die listenmäßige Übermittlung beschränkt sich auf Zugehörigkeit zu einer Personengruppe, Berufs-, Branchen- oder Geschäftsbezeichnung, Namen, Titel, akad. Grad, Anschrift, Geburtsjahr.

Einen breiten Raum nehmen die <u>Rechte des Betroffenen</u> ein, sowohl im Abschnitt II (§§ 19–21) als auch im Abschnitt III (§§ 33–35). Im Abschnitt II ist dem Betroffenen auf Antrag Auskunft zu erteilen.

Eine <u>Benachrichtigung</u> an den Betroffenen hat zu erfolgen, wenn Daten über ihn im Abschnitt III, Unterabschnitt 2 erstmals gespeichert oder erstmals übermittelt werden.

Eine Benachrichtigung ist nicht erforderlich, wenn der Betroffene auf andere Weise von der Speicherung Kenntnis hat. Weitere Ausnahmen sind in §§ 33, Absatz 2, Nr. 2–6 aufgeführt.

Der Betroffene kann bei der speichernden Stelle Auskunft verlangen über die zu seiner Person gespeicherten Daten, auch soweit sie sich auf Herkunft und Empfänger beziehen, über den Zweck der Speicherung.

Er soll die Art der personenbezogenen Daten, über die Auskunft erteilt werden soll, näher bezeichnen. Werden die personenbezogenen Daten geschäftsmäßig zum Zwecke der Übermittlung gespeichert, kann der Betroffene über Herkunft und Empfänger nur Auskunft verlangen, sofern nicht das Interesse an der Wahrung des Geschäftsgeheimnisses überwiegt.

Die Auskunft ist unentgeltlich. Werden die personenbezogenen Daten geschäftsmäßig zum Zweck der Übermittlung gespeichert, kann jedoch ein Entgelt verlangt werden, wenn der Betroffene die Auskunft gegenüber Dritten zu wirtschaftlichen Zwecken nutzen kann. Das Entgelt darf über die durch die Auskunftserteilung entstandenen direkt zurechenbaren Kosten nicht hinausgehen.

Ist die Auskunftserteilung nicht unentgeltlich, ist dem Betroffenen die Möglichkeit zu geben, sich im Rahmen seines Auskunftsanspruchs persönlich Kenntnis über die ihn betreffenden Daten und Angaben zu verschaffen. Er ist hierauf in geeigneter Weise hinzuweisen.

Aufgrund der erteilten Auskunft kann der Betroffene die über ihn gespeicherten Daten überprüfen.

Wenn die Daten oder einzelne Daten unrichtig sind, sind diese zu berichtigen.

Personenbezogene Daten sind zu löschen, wenn

1. ihre Speicherung unzulässig ist,
2. es sich um Daten über die rassische oder ethnische Herkunft, politische Meinungen, religiöse oder philosophische Überzeugungen oder die Gewerkschaftszugehörigkeit, über Gesundheit oder das Sexualleben, strafbare Handlungen oder Ordnungswidrigkeiten handelt und ihre Richtigkeit von der verantwortlichen Stelle nicht bewiesen werden kann,
3. sie für eigene Zwecke verarbeitet werden, sobald ihre Kenntnis für die Erfüllung des Zweckes der Speicherung nicht mehr erforderlich ist, oder

4. sie geschäftsmäßig zum Zweck der Übermittlung verarbeitet
werden und eine Prüfung jeweils am Ende des vierten Kalenderjahres
beginnend mit ihrer erstmaligen Speicherung ergibt, dass eine
längerwährende Speicherung nicht erforderlich ist.

Die Durchführung des Datenschutzes erfolgt durch Selbst- und
Fremdkontrolle.

Für den öffentlichen Bereich gilt zunächst die Dienst- und
Fachaufsicht, die auch die Ausführung aller Datenschutzvorschriften
sicherzustellen hat.

Als weiteres Kontrollorgan ist ein Bundesbeauftragter für den Datenschutz vorgesehen. Die ausführlichen Bestimmungen darüber können in
den §§ 21 bis 26 BDSG nachgelesen werden.

Einen hohen Stellenwert hat die Aufsichtsbehörde. Im Einzelnen
werden deren Aufgabe in § 38 geregelt.

„§ 38
Aufsichtsbehörde

(1) Die Aufsichtsbehörde kontrolliert die Ausführung dieses Gesetzes
sowie anderer Vorschriften über den Datenschutz, soweit diese die
automatisierte Verarbeitung personenbezogener Daten oder die
Verarbeitung oder Nutzung personenbezogener Daten in oder aus
nicht automatisierten Dateien regeln einschließlich des Rechts der
Mitgliedstaaten in den Fällen des § 1 Abs. 5. Sie berät und unterstützt die Beauftragten für den Datenschutz und die verantwortlichen
Stellen mit Rücksicht auf deren typische Bedürfnisse. Die Aufsichtsbehörde darf die von ihr gespeicherten Daten nur für Zwecke der
Aufsicht verarbeiten und nutzen; § 14 Abs. 2 Nr. 1 bis 3, 6 und 7 gilt
entsprechend. Insbesondere darf die Aufsichtsbehörde zum Zweck
der Aufsicht Daten an andere Aufsichtsbehörden übermitteln.
Sie leistet den Aufsichtsbehörden anderer Mitgliedstaaten der Europäischen Union auf Ersuchen ergänzende Hilfe (Amtshilfe). Stellt
die Aufsichtsbehörde einen Verstoß gegen dieses Gesetz oder
andere Vorschriften über den Datenschutz fest, so ist sie befugt, die

Betroffenen hierüber zu unterrichten, den Verstoß bei den für die Verfolgung oder Ahndung zuständigen Stellen anzuzeigen sowie bei schwerwiegenden Verstößen die Gewerbeaufsichtsbehörde zur Durchführung gewerberechtlicher Maßnahmen zu unterrichten. Sie veröffentlicht regelmäßig, spätestens alle zwei Jahre, einen Tätigkeitsbericht. § 21 Satz 1 und § 23 Abs. 5 Satz 4 bis 7 gelten entsprechend.

(2) Die Aufsichtsbehörde führt ein Register der nach § 4d melde-pflichtigen automatisierten Verarbeitungen mit den Angaben nach § 4e Satz 1. Das Register kann von jedem eingesehen werden. Das Einsichtsrecht erstreckt sich nicht auf die Angaben nach § 4e Satz 1 Nr. 9 sowie auf die Angabe der zugriffsberechtigten Personen.

(3) Die der Kontrolle unterliegenden Stellen sowie die mit deren Leitung beauftragten Personen haben der Aufsichtsbehörde auf Verlangen die für die Erfüllung ihrer Aufgaben erforderlichen Auskünfte unver-züglich zu erteilen. Der Auskunftspflichtige kann die Auskunft auf solche Fragen verweigern, deren Beantwortung ihn selbst oder einen der in § 383 Abs. 1 Nr. 1 bis 3 der Zivilprozessordnung bezeichneten Angehörigen der Gefahr strafgerichtlicher Verfolgung oder eines Verfahrens nach dem Gesetz über Ordnungswidrigkeiten aussetzen würde. Der Auskunftspflichtige ist darauf hinzuweisen.

(4) Die von der Aufsichtsbehörde mit der Kontrolle beauftragten Personen sind befugt, soweit es zur Erfüllung der der Aufsichts-behörde übertragenen Aufgaben erforderlich ist, während der Betriebs und Geschäftszeiten Grundstücke und Geschäftsräume der Stelle zu betreten und dort Prüfungen und Besichtigungen vorzunehmen. Sie können geschäftliche Unterlagen, insbesondere die Übersicht nach § 4g Abs. 2 Satz 1 sowie die gespeicherten personenbezogenen Daten und die Datenverarbeitungsprogramme, einsehen. § 24 Abs. 6 gilt entsprechend. Der Auskunftspflichtige hat diese Maßnahmen zu dulden.

(5) Zur Gewährleistung des Datenschutzes nach diesem Gesetz und anderen Vorschriften über den Datenschutz, soweit diese die automa-tisierte Verarbeitung personenbezogener Daten oder die Verarbeitung personenbezogener Daten in oder aus nicht automatisierten Dateien regeln, kann die Aufsichtsbehörde anordnen, dass im Rahmen der Anforderungen nach § 9 Maßnahmen zur Beseitigung festgestellter

technischer oder organisatorischer Mängel getroffen werden. Bei schwerwiegenden Mängeln dieser Art, insbesondere, wenn sie mit besonderer Gefährdung des Persönlichkeitsrechts verbunden sind, kann sie den Einsatz einzelner Verfahren untersagen, wenn die Mängel entgegen der Anordnung nach Satz 1 und trotz der Verhängung eines Zwangsgeldes nicht in angemessener Zeit beseitigt werden. Sie kann die Abberufung des Beauftragten für den Datenschutz verlangen, wenn er die zur Erfüllung seiner Aufgaben erforderliche Fachkunde und Zuverlässigkeit nicht besitzt.

(6) Die Landesregierungen oder die von ihnen ermächtigten Stellen bestimmen die für die Kontrolle der Durchführung des Datenschutzes im Anwendungsbereich dieses Abschnittes zuständigen Aufsichtsbehörden.

(7) Die Anwendung der Gewerbeordnung auf die den Vorschriften dieses Abschnitts unterliegenden Gewerbebetriebe bleibt unberührt.

§ 38a
Verhaltensregeln zur Förderung der Durchführung
datenschutzrechtlicher Regelungen

(1) Berufsverbände und andere Vereinigungen, die bestimmte Gruppen von verantwortlichen Stellen vertreten, können Entwürfe für Verhaltensregeln zur Förderung der Durchführung von datenschutzrechtlichen Regelungen der zuständigen Aufsichtsbehörde unterbreiten.

(2) Die Aufsichtsbehörde überprüft die Vereinbarkeit der ihr unterbreiteten Entwürfe mit dem geltenden Datenschutzrecht."

Die Strafvorschriften sehen Freiheitsstrafe bis zu zwei Jahren oder Geldstrafen vor, wenn geschützte Daten, die nicht offenkundig sind, unbefugt gespeichert, übermittelt, verändert, abgerufen oder sich verschafft werden. Ebenso wird bestraft, wer die Übermittlung erschleicht, übermittelte Daten für andere Zwecke nutzt oder mit Einzelangaben zusammen führt.

Mit bis zu € 25.000,– Geldbuße wird als Ordnungswidrigkeit die vorsätzliche oder fahrlässige Verletzung bestimmter gesetzlicher Vorschriften geahndet.

4. Wesentliche Begriffe

Aufgaben (Zweck) des Gesetzes   § 1
   Den Einzelnen davor zu schützen, dass er durch den Umgang mit
seinen personenbezogenen Daten in seinem Persönlichkeitsrecht
beeinträchtigt wird.

Aufsichtsbehörde   § 38
   Kontrolliert die Ausführung des Gesetzes sowie anderer Vorschriften
über den Datenschutz.

Auskunft   § 19 / § 34
   kann der Betroffene über die zu seiner Person gespeicherten Daten
verlangen; bei automatischer Verarbeitung auch Angaben über
regelmäßige Empfänger.

Auskunftsverweigerung   § 19 / § 34
   Unter bestimmten Voraussetzungen, siehe § 19, Abs. 4, § 34,
Abs. 4 und § 33, Abs. 2 Nr. 2-6

BDSG
Bundesdatenschutzgesetz vom 23. Mai 2001 in der Fassung der
Neubekanntmachung vom 14. Januar 2003 mit den Änderungen vom
22. August 2006. Der Wortlaut des Gesetzes befindet sich in Kapitel 5.

Benachrichtigung   § 33
   Wenn erstmals zur Person des Betroffenen Daten gespeichert werden.
Kann entfallen, wenn er auf andere Weise Kenntnis von der Speicherung
erlangt hat.

Berichtigung von Daten   § 20 / § 35
   Richtigstellung unrichtiger Daten

Bestrittene Daten   § 20, Abs. 4, § 35, Abs. 4
   Wenn die Richtigkeit von Betroffenen bestritten wird und sich weder
die Richtigkeit noch die Unrichtigkeit feststellen lässt.

Betroffener §3

Die natürliche Person, über die Einzelangaben in Dateien verarbeitet werden.

Bußgeldvorschrift

S. Ordnungswidrigkeit

Datei §3

Eine nach bestimmten Merkmalen aufgebaute Datensammlung, die nach anderen Merkmalen umgeordnet und ausgewertet werden kann, ungeachtet der dabei angewendeten Verfahren. Akten und Aktensammlungen nur, wenn sie durch automatisierte Verfahren umgeordnet und ausgewertet werden können.

Datengeheimnis §5

Verpflichtung der bei der Datenverarbeitung beschäftigten Personen, keine missbräuchliche Datennutzung zu betreiben; gilt auch nach Beendigung der Tätigkeit fort.

Datenschutzbeauftragter

Eine innerbetriebliche Funktion der Selbstkontrolle. Er wird zur Sicherstellung von Datenschutz- und Datensicherungsmaßnahmen bestellt.

Datenverarbeitung §3

Speichern, Verändern, Übermitteln oder Löschen von Daten, ungeachtet der dabei angewendeten Verfahren.

Dritter §3

Jede Person der Stelle außerhalb der speichernden Stelle, ausgenommen der Betroffene oder die im Auftrag tätigen Dienstleistungsunternehmen.

Entgelt für die Auskunft §19, 34

Kann für entstandene, direkt zurechenbare Kosten verlangt werden. Kein Entgelt, wenn unrichtig oder unzulässig gespeichert wurde.

Erheben   § 3
   Ist das Beschaffen von Daten über den Betroffenen.

Listenmäßige Übermittlung   § 28
   Von Namen, Titel- akadem. Grade, Geburtsdatum, Beruf – Geschäfts-
bezeichnung, Anschrift, Rufnummer, wenn schutzwürdige Belange des
Betroffenen nicht beeinträchtigt werden.

Löschen   § 3
   Unkenntlichmachen gespeicherter Daten.

Ordnungswidrigkeiten   § 43
   Bis zu € 25.000,– Geldbuße für vorsätzliche oder fahrlässige
Verletzung bestimmter gesetzlicher Vorschriften.

Personenbezogene Daten   § 3
   Einzelangaben über persönliche oder sachliche Verhältnisse einer
bestimmten oder bestimmbaren natürlichen Person = Betroffener.

Rechte des Betroffenen
   • Auf Auskunft, Berichtigung, Sperrung, Löschung
                                      §§ 19–21, §§ 33–35
   • Unabdingbare Rechte   § 6

Sicherungsmaßnahmen   § 9
   Es sind die technischen und organisatorischen Maßnahmen zu treffen,
die zur Ausführung der Gesetzesvorschriften erforderlich sind.
   Maßnahmen sind erforderlich, wenn ihr Aufwand in einem angemessenen Verhältnis zum angestrebten Schutzzweck steht.
   Bei der automatischen Datenverarbeitung sind je nach der Art der
zu schützenden personenbezogenen Daten folgende Anforderungen zu
erfüllen:
   Zutrittskontrolle, Zugangskontrolle, Zugriffskontrolle, Weitergabekontrolle, Eingabekontrolle, Auftragskontrolle usw.

Speichern §3
> Erfassen, Aufnehmen oder Aufbewahren von Daten auf einem Datenträger für weitere Verwendungen.

Speichernde Stelle §3
> Jede Person oder Stelle, die Daten für sich selbst speichert oder durch andere im Auftrag speichern lässt (eine Rechtseinheit, Person oder Firma).

Sperren §3
> Gesperrte Daten dürfen nicht mehr verarbeitet werden (Ausnahmen), sie sind mit entsprechendem Vermerk zu versehen.

Strafvorschriften §44
> Bis zu zwei Jahren Freiheitsstrafe oder Geldstrafe, wer geschützte Daten unbefugt übermittelt, verändert, abruft oder sich erschafft.

Übermitteln §3
> Bekanntgeben gespeicherter oder durch DV gewonnener Daten an Dritte (Weitergabe, Einsichtnahme oder Abruf).

Verändern §3
> Inhaltliches Umgestalten gespeicherter Daten.

Weitergeltende Vorschriften Artikel 2–5
> Die in Artikel 2–5 genannten und andere bestehende Vorschriften gehen den Vorschriften des Bundesdatenschutzgesetzes vor.

Zulässigkeit der Verarbeitung §4
> – Nach den Einzelbestimmungen des BDSG oder
> – nach einer anderen Rechtsvorschrift oder
> – mit Einwilligung des Betroffenen (schriftlich – besonderer Hinweis).

5. Vollständiger Wortlaut des Gesetzes vom 23.05.2001 in der Fassung der Neubekanntmachung vom 14. Januar 2003 mit Änderungen vom 22. August 2006

Inhaltsübersicht

Artikel 1
Bundesdatenschutzgesetz
(BDSG)

Erster Abschnitt
Allgemeine und gemeinsame Bestimmungen

§ 1
Zweck und Anwendungsbereich des Gesetzes

(1) Zweck dieses Gesetzes ist es, den einzelnen davor zu schützen, daß er durch den Umgang mit seinen personenbezogenen Daten in seinem Persönlichkeitsrecht beeinträchtigt wird.

(2) Dieses Gesetz gilt für die Erhebung, Verarbeitung und Nutzung personenbezogener Daten durch
1. öffentliche Stellen des Bundes,
2. öffentliche Stellen der Länder, soweit der Daten-schutz nicht durch Landesgesetz geregelt ist und soweit sie
   a) Bundesrecht ausführen oder
   b) als Organe der Rechtspflege tätig werden und es sich nicht um Verwaltungsangelegenheiten handelt,
3. nicht öffentliche Stellen, soweit sie die Daten unter Einsatz von Datenverarbeitungsanlagen verarbeiten, nutzen oder dafür erheben oder die Daten in oder aus nicht automatisierten Dateien verarbeiten, nutzen oder dafür erheben, es sei denn, die Erhebung, Verarbeitung oder Nutzung der Daten erfolgt ausschließlich für persönliche oder familiäre Tätigkeiten.

(3) Soweit andere Rechtsvorschriften des Bundes auf personenbezogene Daten einschließlich deren Veröffentlichung anzuwenden sind, gehen sie den Vorschriften dieses Gesetzes vor. Die Verpflichtung zur Wahrung gesetzlicher Geheimhaltungspflichten oder von Berufs- oder besonderen Amtsgeheimnissen, die nicht auf gesetzlichen Vorschriften beruhen, bleibt unberührt.

(4) Die Vorschriften dieses Gesetzes gehen denen des Verwaltungsverfahrensgesetzes vor, soweit bei der Ermittlung des Sachverhalts personenbezogene Daten verarbeitet werden.

(5) Dieses Gesetz findet keine Anwendung, sofern eine in einem anderen Mitgliedstaat der Europäischen Union oder in einem anderen Vertrags-staat des Abkommens über den Europäischen Wirt-schaftsraum belegene verantwortliche Stelle personenbezogene Daten im Inland erhebt, verarbeitet oder nutzt, es sei denn, dies erfolgt durch eine Nie-derlassung im Inland. Dieses Gesetz findet Anwen-dung, sofern eine verantwortliche Stelle, die nicht in einem Mitgliedstaat der Europäischen Union oder in einem anderen Vertragsstaat des Abkommens über den Europäischen Wirtschaftsraum belegen ist, personenbezogene Daten im Inland erhebt, verarbeitet oder nutzt. Soweit die verantwortliche Stelle nach diesem Gesetz zu nennen ist, sind auch Angaben über im Inland ansässige Vertreter zu machen. Die Sätze 2 und 3 gelten nicht, sofern Datenträger nur zum Zweck des Transits durch das Inland eingesetzt werden. § 38 Abs. 1 Satz 1 bleibt unberührt.

§ 2
Öffentliche und nicht-öffentliche Stellen

(1) Öffentliche Stellen des Bundes sind die Behörden, die Organe der Rechtspflege und andere öffentlich-rechtlich organisierte Einrichtungen des Bundes, der bundesunmittelbaren Körperschaften, Anstalten und Stiftungen des öffentlichen Rechts sowie deren Vereinigungen ungeachtet ihrer Rechtsform. Als öffentliche Stellen gelten die aus dem Sondervermögen Deutsche Bundespost durch Gesetz hervorgegangenen Unternehmen, solange ihnen ein ausschließliches Recht nach dem Postgesetz zusteht.

(2) Öffentliche Stellen der Länder sind die Behörden, die Organe der Rechtspflege und andere öffentlich-rechtlich organisierte Einrichtungen eines Landes, einer Gemeinde, eines Gemeindeverbandes und sonstiger der Aufsicht des Landes unterstehender juristischer Personen des öffentlichen Rechts sowie deren Vereinigungen ungeachtet ihrer Rechtsform.

(3) Vereinigungen des privaten Rechts von öffentlichen Stellen des Bundes und der Länder, die Aufgaben der öffentlichen Verwaltung wahrnehmen, gelten ungeachtet der Beteiligung nicht-öffentlicher Stellen als öffentliche Stellen des Bundes, wenn
1. sie über den Bereich eines Landes hinaus tätig werden oder
2. dem Bund die absolute Mehrheit der Anteile gehört oder die absolute Mehrheit der Stimmen zusteht.
3. Andernfalls gelten sie als öffentliche Stellen der Länder.

(4) Nicht-öffentliche Stellen sind natürliche und juristische Personen, Gesellschaften und andere Personenvereinigungen des privaten Rechts, soweit sie nicht unter die Absätze 1 bis 3 fallen. Nimmt eine nicht-öffentliche Stelle hoheitliche Aufgaben der öffentlichen Verwaltung wahr, ist sie insoweit öffentliche Stelle im Sinne dieses Gesetzes.

§ 3
Weitere Begriffsbestimmungen

(1) Personenbezogene Daten sind Einzelangaben über persönliche oder sachliche Verhältnisse einer bestimmten oder bestimmbaren natürlichen Person (Betroffener).

(2) Automatisierte Verarbeitung ist die Erhebung, Verarbeitung oder Nutzung personenbezogener Daten unter Einsatz von Datenverarbeitungsanlagen. Eine nicht automatisierte Datei ist jede nicht automatisierte Sammlung personenbezogener Daten, die gleichartig aufgebaut ist und nach bestimmten Merkmalen zugänglich ist und ausgewertet werden kann.

(3) Erheben ist das Beschaffen von Daten über den Betroffenen.

(4) Verarbeiten ist das Speichern, Verändern, Übermitteln, Sperren und Löschen personenbezogener Daten. Im einzelnen ist, ungeachtet der dabei angewendeten Verfahren:
1. Speichern das Erfassen, Aufnehmen oder Aufbewahren personenbezogener Daten auf einem Datenträger zum Zwecke ihrer weiteren Verarbeitung oder Nutzung,
2. Verändern das inhaltliche Umgestalten gespeicherter personenbezogener Daten,
3. Übermitteln das Bekanntgeben gespeicherter oder durch Datenverarbeitung gewonnener personenbezogener Daten an einen Dritten in der Weise, daß a) die Daten an den Dritten weitergegeben werden oder b) der Dritte zur Einsicht oder zum Abruf bereitgehaltene Daten einsieht oder abruft,
4. Sperren das Kennzeichnen gespeicherter personenbezogener Daten, um ihre weitere Verarbeitung oder Nutzung einzuschränken,
5. Löschen das Unkenntlichmachen gespeicherter personenbezogener Daten.

(5) Nutzen ist jede Verwendung personenbezogener Daten, soweit es sich nicht um Verarbeitung handelt.

(6) Anonymisieren ist das Verändern personenbezogener Daten derart, daß die Einzelangaben über persönliche oder sachliche Verhältnisse nicht mehr oder nur mit einem unverhältnismäßig großen Aufwand an Zeit, Kosten und Arbeitskraft einer bestimmten oder bestimmbaren natürlichen Person zugeordnet werden können.

(6a) Pseudonymisieren ist das Ersetzen des Namens und anderer Identifikationsmerkmale durch ein Kennzeichen zu dem Zweck, die Bestimmung des Betroffenen auszuschließen oder wesentlich zu erschweren.

(7) Verantwortliche Stelle ist jede Person oder Stelle, die personenbezogene Daten für sich selbst erhebt, verarbeitet oder nutzt oder dies durch andere im Auftrag vornehmen lässt.

(8) Empfänger ist jede Person oder Stelle, die Daten erhält. Dritter ist jede Person oder Stelle außerhalb der verantwortlichen Stelle. Dritte sind nicht der Betroffene sowie Personen und Stellen, die im Inland, in einem anderen Mitgliedstaat der Europäischen Union oder in einem anderen Vertragsstaat des Abkommens über den Europäischen Wirtschaftsraum personenbezogene Daten im Auftrag erheben, verarbeiten oder nutzen.

(9) Besondere Arten personenbezogener Daten sind Angaben über die rassische und ethnische Herkunft, politische Meinungen, religiöse oder philosophische Überzeugungen, Gewerkschaftszugehörigkeit, Gesundheit oder Sexualleben.

(10) Mobile personenbezogene Speicher- und Verarbeitungsmedien sind Datenträger,

1. die an den Betroffenen ausgegeben werden,
2. auf denen personenbezogene Daten über die Speicherung hinaus durch die ausgebende oder eine andere Stelle automatisiert verarbeitet werden können und
3. bei denen der Betroffene diese Verarbeitung nur durch den Gebrauch des Mediums beeinflussen kann.

§3a
Datenvermeidung und Datensparsamkeit

Gestaltung und Auswahl von Datenverarbeitungssystemen haben sich an dem Ziel auszurichten, keine oder so wenig personenbezogene Daten wie möglich zu erheben, zu verarbeiten oder zu nutzen. Insbesondere ist von den Möglichkeiten der Anonymisierung und Pseudonymisierung Gebrauch zu machen, soweit dies möglich ist und der Aufwand in einem angemessenen Verhältnis zu dem angestrebten Schutzzweck steht.

§ 4
Zulässigkeit der Datenerhebung, -verarbeitung und -nutzung

(1) Die Erhebung, Verarbeitung und Nutzung personenbezogener Daten sind nur zulässig, soweit dieses Gesetz oder eine andere Rechtsvorschrift dies erlaubt oder anordnet oder der Betroffene eingewilligt hat.

(2) Personenbezogene Daten sind beim Betroffenen zu erheben. Ohne seine Mitwirkung dürfen sie nur erhoben werden, wenn

1. eine Rechtsvorschrift dies vorsieht oder zwingend voraussetzt oder
2. a) die zu erfüllende Verwaltungsaufgabe ihrer Art nach oder der Geschäftszweck eine Erhebung bei anderen Personen oder Stellen erforderlich macht oder
   b) die Erhebung beim Betroffenen einen unverhältnismäßigen Aufwand erfordern würde und keine Anhaltspunkte dafür bestehen, dass überwiegende schutzwürdige Interessen des Betroffenen beeinträchtigt werden.

(3) Werden personenbezogene Daten beim Betroffenen erhoben, so ist er, sofern er nicht bereits auf andere Weise Kenntnis erlangt hat, von der verantwortlichen Stelle über

1. die Identität der verantwortlichen Stelle,
2. die Zweckbestimmungen der Erhebung, Verarbeitung oder Nutzung und
3. die Kategorien von Empfängern nur, soweit der Betroffene nach den Umständen des Einzelfalles nicht mit der Übermittlung an diese rechnen muss,

zu unterrichten. Werden personenbezogene Daten beim Betroffenen aufgrund einer Rechtsvorschrift erhoben, die zur Auskunft verpflichtet, oder ist die Erteilung der Auskunft Voraussetzung für die Gewährung von Rechtsvorteilen, so ist der Betroffene hierauf, sonst auf die Freiwilligkeit seiner Angaben hinzuweisen. Soweit nach den Umständen des Einzelfalles erforderlich oder auf Verlangen, ist er über die Rechtsvorschrift und über die Folgen der Verweigerung von Angaben aufzuklären.

§ 4a
Einwilligung

(1) Die Einwilligung ist nur wirksam, wenn sie auf der freien Entscheidung des Betroffenen beruht. Er ist auf den vorgesehenen Zweck der Erhebung, Verarbeitung oder Nutzung sowie, soweit nach den Umständen des Einzelfalles erforderlich oder auf Verlangen, auf die Folgen der Verweigerung der Einwilligung hinzuweisen. Die Einwilligung bedarf der Schriftform, soweit nicht wegen besonderer Umstände eine andere Form angemessen ist. Soll die Einwilligung zusammen mit anderen Erklärungen schriftlich erteilt werden, ist sie besonders hervorzuheben.

(2) Im Bereich der wissenschaftlichen Forschung liegt ein besonderer Umstand im Sinne von Absatz 1 Satz 3 auch dann vor, wenn durch die Schriftform der bestimmte Forschungszweck erheblich beeinträchtigt würde. In diesem Fall sind der Hinweis nach Absatz 1 Satz 2 und die Gründe, aus denen sich die erhebliche Beeinträchtigung des bestimmten Forschungszwecks ergibt, schriftlich festzuhalten.

(3) Soweit besondere Arten personenbezogener Daten (§ 3 Abs. 9) erhoben, verarbeitet oder genutzt werden, muss sich die Einwilligung darüber hinaus ausdrücklich auf diese Daten beziehen.

§ 4b
Übermittlung personenbezogener Daten ins Ausland sowie an über- oder zwischenstaatliche Stellen

(1) Für die Übermittlung personenbezogener Daten an Stellen

1. in anderen Mitgliedstaaten der Europäischen Union,
2. in anderen Vertragsstaaten des Abkommens über den Europäischen Wirtschaftsraum oder
3. der Organe und Einrichtungen der Europäischen Gemeinschaften

gelten § 15 Abs. 1, § 16 Abs. 1 und §§ 28 bis 30 nach Maßgabe der für diese Übermittlung geltenden Gesetze und Vereinbarungen, soweit die Übermittlung im Rahmen von Tätigkeiten erfolgt, die

ganz oder teilweise in den Anwendungsbereich des Rechts der Europäischen Gemeinschaften fallen.

(2) Für die Übermittlung personenbezogener Daten an Stellen nach Absatz 1, die nicht im Rahmen von Tätigkeiten erfolgt, die ganz oder teilweise in den Anwendungsbereich des Rechts der Europäischen Gemeinschaften fallen, sowie an sonstige ausländische oder über- oder zwischenstaatliche Stellen gilt Absatz 1 entsprechend. Die Übermittlung unterbleibt, soweit der Betroffene ein schutzwürdiges Interesse an dem Ausschluss der Übermittlung hat, insbesondere wenn bei den in Satz 1 genannten Stellen ein angemessenes Datenschutzniveau nicht gewährleistet ist. Satz 2 gilt nicht, wenn die Übermittlung zur Erfüllung eigener Aufgaben einer öffentlichen Stelle des Bundes aus zwingenden Gründen der Verteidigung oder der Erfüllung über- oder zwischenstaatlicher Verpflichtungen auf dem Gebiet der Krisenbewältigung oder Konfliktverhinderung oder für humanitäre Maßnahmen erforderlich ist.

(3) Die Angemessenheit des Schutzniveaus wird unter Berücksichtigung aller Umstände beurteilt, die bei einer Datenübermittlung oder einer Kategorie von Datenübermittlungen von Bedeutung sind; insbesondere können die Art der Daten, die Zweckbestimmung, die Dauer der geplanten Verarbeitung, das Herkunfts- und das Endbestimmungsland, die für den betreffenden Empfänger geltenden Rechtsnormen sowie die für ihn geltenden Standesregeln und Sicherheitsmaßnahmen herangezogen werden.

(4) In den Fällen des § 16 Abs. 1 Nr. 2 unterrichtet die übermittelnde Stelle den Betroffenen von der Übermittlung seiner Daten. Dies gilt nicht, wenn damit zu rechnen ist, dass er davon auf andere Weise Kenntnis erlangt, oder wenn die Unterrichtung die öffentliche Sicherheit gefährden oder sonst dem Wohl des Bundes oder eines Landes Nachteile bereiten würde.

(5) Die Verantwortung für die Zulässigkeit der Übermittlung trägt die übermittelnde Stelle.

(6) Die Stelle, an die die Daten übermittelt werden, ist auf den Zweck hinzuweisen, zu dessen Erfüllung die Daten übermittelt werden.

§ 4c
Ausnahmen

(1) Im Rahmen von Tätigkeiten, die ganz oder teilweise in den Anwendungsbereich des Rechts der Europäischen Gemeinschaften fallen, ist eine Übermittlung personenbezogener Daten an andere als die in § 4b Abs. 1 genannten Stellen, auch wenn bei ihnen ein angemessenes Datenschutzniveau nicht gewährleistet ist, zulässig, sofern

1. der Betroffene seine Einwilligung gegeben hat,
2. die Übermittlung für die Erfüllung eines Vertrags zwischen dem Betroffenen und der verantwortlichen Stelle oder zur Durchführung von vorvertraglichen Maßnahmen, die auf Veranlassung des Betroffenen getroffen worden sind, erforderlich ist,
3. die Übermittlung zum Abschluss oder zur Erfüllung eines Vertrags erforderlich ist, der im Interesse des Betroffenen von der verantwortlichen Stelle mit einem Dritten geschlossen wurde oder geschlossen werden soll,
4. die Übermittlung für die Wahrung eines wichtigen öffentlichen Interesses oder zur Geltendmachung, Ausübung oder Verteidigung von Rechtsansprüchen vor Gericht erforderlich ist,
5. die Übermittlung für die Wahrung lebenswichtiger Interessen des Betroffenen erforderlich ist oder
6. die Übermittlung aus einem Register erfolgt, das zur Information der Öffentlichkeit bestimmt ist und entweder der gesamten Öffentlichkeit oder allen Personen, die ein berechtigtes Interesse nachweisen können, zur Einsichtnahme offen steht, soweit die gesetzlichen Voraussetzungen im Einzelfall gegeben sind.

Die Stelle, an die die Daten übermittelt werden, ist darauf hinzuweisen, dass die übermittelten Daten nur zu dem Zweck verarbeitet oder genutzt werden dürfen, zu dessen Erfüllung sie übermittelt werden.

(2) Unbeschadet des Absatzes 1 Satz 1 kann die zuständige Aufsichtsbehörde einzelne Übermittlungen oder bestimmte Arten von Übermittlungen personenbezogener Daten an andere als die in § 4b Abs. 1 genannten Stellen genehmigen, wenn die verantwortliche Stelle ausreichende Garantien hinsichtlich des Schutzes des Persönlichkeitsrechts und der Ausübung der damit verbundenen Rechte vorweist; die Garantien können sich insbesondere aus Vertragsklauseln oder verbindlichen Unternehmensregelungen ergeben. Bei den Post- und Telekommunikationsunternehmen ist der Bundesbeauftragte für den Datenschutz und die Informationsfreiheit zuständig. Sofern die Übermittlung durch öffentliche Stellen erfolgen soll, nehmen diese die Prüfung nach Satz 1 vor.

(3) Die Länder teilen dem Bund die nach Absatz 2 Satz 1 ergangenen Entscheidungen mit.

§ 4d
Meldepflicht

(1) Verfahren automatisierter Verarbeitungen sind vor ihrer Inbetriebnahme von nicht öffentlichen verantwortlichen Stellen der zuständigen Aufsichtsbehörde und von öffentlichen verantwortlichen Stellen des Bundes sowie von den Post- und Telekommunikationsunternehmen dem Bundesbeauftragten für

den Datenschutz und die Informationsfreiheit nach Maßgabe von § 4e zu melden.

(2) Die Meldepflicht entfällt, wenn die verantwortliche Stelle einen Beauftragten für den Datenschutz bestellt hat.

(3) Die Meldepflicht entfällt ferner, wenn die verantwortliche Stelle personenbezogene Daten für eigene Zwecke erhebt, verarbeitet oder nutzt, hierbei höchstens neun Personen mit der Erhebung, Verarbeitung oder Nutzung personenbezogener Daten beschäftigt und entweder eine Einwilligung der Betroffenen vorliegt oder die Erhebung, Verarbeitung oder Nutzung der Zweckbestimmung eines Vertragsverhältnisses oder vertragsähnlichen Vertrauensverhältnisses mit den Betroffenen dient.

(4) Die Absätze 2 und 3 gelten nicht, wenn es sich um automatisierte Verarbeitungen handelt, in denen geschäftsmäßig personenbezogene Daten von der jeweiligen Stelle
1. zum Zweck der Übermittlung oder
2. zum Zweck der anonymisierten Übermittlung gespeichert werden.

(5) Soweit automatisierte Verarbeitungen besondere Risiken für die Rechte und Freiheiten der Betroffenen aufweisen, unterliegen sie der Prüfung vor Beginn der Verarbeitung (Vorabkontrolle). Eine Vorabkontrolle ist insbesondere durchzuführen, wenn
1. besondere Arten personenbezogener Daten (§ 3 Abs. 9) verarbeitet werden oder
2. die Verarbeitung personenbezogener Daten dazu bestimmt ist, die Persönlichkeit des Betroffenen zu bewerten einschließlich seiner Fähigkeiten, seiner Leistung oder seines Verhaltens,

es sei denn, dass eine gesetzliche Verpflichtung oder eine Einwilligung des Betroffenen vorliegt oder die Erhebung, Verarbeitung oder Nutzung der Zweckbestimmung eines Vertragsverhältnisses oder vertragsähnlichen Vertrauensverhältnisses mit dem Betroffen dient.

(6) Zuständig für die Vorabkontrolle ist der Beauftragte für den Datenschutz. Dieser nimmt die Vorabkontrolle nach Empfang der Übersicht nach § 4g Abs. 2 Satz 1 vor. Er hat sich in Zweifelsfällen an die Aufsichtsbehörde oder bei den Post- und Telekommunikationsunternehmen an den Bundesbeauftragten für den Datenschutz und die Informationsfreiheit zu wenden.

§ 4e
Inhalt der Meldepflicht

Sofern Verfahren automatisierter Verarbeitung meldepflichtig sind, sind folgende Angaben zu machen:

1. Name oder Firma der verantwortlichen Stelle,
2. Inhaber, Vorstände, Geschäftsführer oder sonstige gesetzliche oder nach der Verfassung des Unternehmens berufene Leiter und die mit der Leitung der Datenverarbeitung beauftragten Personen,
3. Anschrift der verantwortlichen Stelle,
4. Zweckbestimmungen der Datenerhebung, -verarbeitung oder -nutzung,
5. eine Beschreibung der betroffenen Personengruppen und der diesbezüglichen Daten oder Datenkategorien,
6. Empfänger oder Kategorien von Empfängern, denen die Daten mitgeteilt werden können,
7. Regelfristen für die Löschung der Daten,
8. eine geplante Datenübermittlung in Drittstaaten,
9. eine allgemeine Beschreibung, die es ermöglicht, vorläufig zu beurteilen, ob die Maßnahmen nach § 9 zur Gewährleistung der Sicherheit der Verarbeitung angemessen sind.

§ 4d Abs. 1 und 4 gilt für die Änderung der nach Satz 1 mitgeteilten Angaben sowie für den Zeitpunkt der Aufnahme und der Beendigung der meldepflichtigen Tätigkeit entsprechend.

§ 4f
Beauftragter für den Datenschutz

(1) Öffentliche und nicht öffentliche Stellen, die personenbezogene Daten automatisiert verarbeiten, haben einen Beauftragten für den Datenschutz schriftlich zu bestellen. Nicht öffentliche Stellen sind hierzu spätestens innerhalb eines Monats nach Aufnahme ihrer Tätigkeit verpflichtet. Das Gleiche gilt, wenn personenbezogene Daten auf andere Weise erhoben, verarbeitet oder genutzt werden und damit in der Regel mindestens 20 Personen beschäftigt sind. Die Sätze 1 und 2 gelten für die nicht öffentliche Stellen, die in der Regel höchstens neun Personen ständig mit der automatisierten Verarbeitung personenbezogener Daten beschäftigen. Soweit aufgrund der Struktur einer öffentlichen Stelle erforderlich, genügt die Bestellung eines Beauftragten für den Datenschutz für mehrere Bereiche. Soweit nicht öffentliche Stellen automatisierte Verarbeitungen vornehmen, die einer Vorabkontrolle unterliegen, oder personenbezogene Daten geschäftsmäßig zum Zweck der Übermittlung oder der anonymisierten Übermittlung automatisiert verarbeiten, haben sie unabhängig von der Anzahl der mit der automatisierten Verarbeitung beschäftigter Personen einen Beauftragten für den Datenschutz zu bestellen.

(2) Zum Beauftragten für den Datenschutz darf nur bestellt werden, wer die zur Erfüllung seiner Aufgaben erforderliche Fachkunde und Zuverlässigkeit besitzt. Das Maß der erforderlichen Fachkunde bestimmt sich insbesondere nach dem Umfang der Datenverarbeitung der verantwortlichen Stelle und

dem Schutzbedarf der personenbezogenen Daten, die die verantwortliche Stelle erhebt oder verwendet. Zum Beauftragten für den Datenschutz kann auch eine Person außerhalb der verantwortlichen Stelle bestellt werden; die Kontrolle erstreckt sich auch auf personenbezogene Daten, die einem Berufs- oder besonderen Amtsgeheimnis, insbesondere dem Steuergeheimnis nach § 30 der Abgabenordnung, unterliegen. Öffentliche Stellen können mit Zustimmung ihrer Aufsichtsbehörde einen Bediensteten aus einer anderen öffentlichen Stelle zum Beauftragten für den Datenschutz bestellen.

(3) Der Beauftragte für den Datenschutz ist dem Leiter der öffentlichen oder nicht öffentlichen Stelle unmittelbar zu unterstellen. Er ist in Ausübung seiner Fachkunde auf dem Gebiet des Datenschutzes weisungsfrei. Er darf wegen der Erfüllung seiner Aufgaben nicht benachteiligt werden. Die Bestellung zum Beauftragten für den Datenschutz kann in entsprechender Anwendung von § 626 des Bürgerlichen Gesetzbuches, bei nicht öffentlichen Stellen auch auf Verlangen der Aufsichtsbehörde, widerrufen werden.

(4) Der Beauftragte für den Datenschutz ist zur Verschwiegenheit über die Identität des Betroffenen sowie über Umstände, die Rückschlüsse auf den Betroffenen zulassen, verpflichtet, soweit er nicht davon durch den Betroffenen befreit wird.

(4a) Soweit der Beauftragte für den Datenschutz bei seiner Tätigkeit Kenntnis von Daten erhält, für die dem Leiter oder einer bei der öffentlichen oder nichtöffentlichen Stelle beschäftigten Person aus beruflichen Gründen ein Zeugnisverweigerungsrecht zusteht, steht dieses Recht auch dem Beauftragten für den Datenschutz und dessen Hilfspersonal zu. Über die Ausübung dieses Rechts entscheidet die Person, der das Zeugnisverweigerungsrecht aus beruflichen Gründen zusteht, es sei denn, dass diese Entscheidung in absehbarer Zeit nicht herbeigeführt werden kann. Soweit das Zeugnisverweigerungsrecht des Beauftagten für den Datenschutz reicht, unterliegen seine Akten und andere Schriftstücke einem Beschlagnahmeverbot.

(5) Die öffentlichen und nicht öffentlichen Stellen haben den Beauftragten für den Datenschutz bei der Erfüllung seiner Aufgaben zu unterstützen und ihm insbesondere, soweit dies zur Erfüllung seiner Aufgaben erforderlich ist, Hilfspersonal sowie Räume, Einrichtungen, Geräte und Mittel zur Verfügung zu stellen. Betroffene können sich jederzeit an den Beauftragten für den Datenschutz wenden.

§ 4g
Aufgaben des Beauftragten für den Datenschutz

(1) Der Beauftragte für den Datenschutz wirkt auf die Einhaltung dieses Gesetzes und anderer Vorschriften über den Datenschutz hin. Zu diesem Zweck kann sich der Beauftragte für den Datenschutz in Zweifelsfällen an die für die Datenschutzkontrolle bei der verantwortlichen Stelle zuständige Behörde wenden. Er kann die Beratung nach § 38 Abs. 1 Satz 2 in Anspruch nehmen. Er hat insbesondere
1. die ordnungsgemäße Anwendung der Datenverarbeitungsprogramme, mit deren Hilfe personenbezogene Daten verarbeitet werden sollen, zu überwachen; zu diesem Zweck ist er über Vorhaben der automatisierten Verarbeitung personenbezogener Daten rechtzeitig zu unterrichten,
2. die bei der Verarbeitung personenbezogener Daten tätigen Personen durch geeignete Maßnahmen mit den Vorschriften dieses Gesetzes sowie anderen Vorschriften über den Datenschutz und mit den jeweiligen besonderen Erfordernissen des Datenschutzes vertraut zu machen.

(2) Dem Beauftragten für den Datenschutz ist von der verantwortlichen Stelle eine Übersicht über die in § 4e Satz 1 genannten Angaben sowie über zugriffsberechtigte Personen zur Verfügung zu stellen. Der Beauftragte für den Datenschutz macht die Angaben nach § 4e Satz 1 Nr. 1 bis 8 auf Antrag jedermann in geeigneter Weise verfügbar.

(2a) Soweit bei einer nichtöffentlichen Stelle keine Verpflichtung zur Bestellung eines Beauftragten für den Datenschutz besteht, hat der Leiter der nichtöffentlichen Stelle die Erfüllung der Aufgaben nach den Absätzen 1 und 2 in anderer Weise sicherzustellen.

(3) Auf die in § 6 Abs. 2 Satz 4 genannten Behörden findet Absatz 2 Satz 2 keine Anwendung. Absatz 1 Satz 2 findet mit der Maßgabe Anwendung, dass der behördliche Beauftragte für den Datenschutz das Benehmen mit dem Behördenleiter herstellt; bei Unstimmigkeiten zwischen dem behördlichen Beauftragten für den Datenschutz und dem Behördenleiter entscheidet die oberste Bundesbehörde.

§ 5
Datengeheimnis

Den bei der Datenverarbeitung beschäftigten Personen ist untersagt, personenbezogene Daten unbefugt zu erheben, zu verarbeiten oder zu nutzen (Datengeheimnis). Diese Personen sind, soweit sie bei nicht-öffentlichen Stellen beschäftigt werden, bei der Aufnahme ihrer Tätigkeit auf das Datengeheimnis zu verpflichten. Das Datengeheimnis besteht auch nach Beendigung ihrer Tätigkeit fort.

§ 6
Unabdingbare Rechte des Betroffenen

(1) Die Rechte des Betroffenen auf Auskunft (§§ 19, 34) und auf Berichtigung, Löschung oder Sperrung (§§ 20, 35) können nicht durch Rechtsgeschäft ausgeschlossen oder beschränkt werden.

(2) Sind die Daten des Betroffenen automatisiert in der Weise gespeichert, dass mehrere Stellen speicherungsberechtigt sind, und ist der Betroffene nicht in der Lage festzustellen, welche Stelle die Daten gespeichert hat, so kann er sich an jede dieser Stellen wenden. Diese ist verpflichtet, das Vorbringen des Betroffenen an die Stelle, die die Daten gespeichert hat, weiterzuleiten. Der Betroffene ist über die Weiterleitung und jene Stelle zu unterrichten. Die in § 19 Abs. 3 genannten Stellen, die Behörden der Staatsanwaltschaft und der Polizei sowie öffentliche Stellen der Finanzverwaltung, soweit sie personenbezogene Daten in Erfüllung ihrer gesetzlichen Aufgaben im Anwendungsbereich der Abgabenordnung zur Überwachung und Prüfung speichern, können statt des Betroffenen den Bundesbeauftragten für den Datenschutz und die Informationsfreiheit unterrichten. In diesem Fall richtet sich das weitere Verfahren nach § 19 Abs. 6.

§ 6a
Automatisierte Einzelentscheidung

(1) Entscheidungen, die für den Betroffenen eine rechtliche Folge nach sich ziehen oder ihn erheblich beeinträchtigen, dürfen nicht ausschließlich auf eine automatisierte Verarbeitung personenbezogener Daten gestützt werden, die der Bewertung einzelner Persönlichkeitsmerkmale dienen.

(2) Dies gilt nicht, wenn

1. die Entscheidung im Rahmen des Abschlusses oder der Erfüllung eines Vertragsverhältnisses oder eines sonstigen Rechtsverhältnisses ergeht und dem Begehren des Betroffenen stattgegeben wurde oder
2. die Wahrung der berechtigten Interessen des Betroffenen durch geeignete Maßnahmen gewährleistet und dem Betroffenen von der verantwortlichen Stelle die Tatsache des Vorliegens einer Entscheidung im Sinne des Absatzes 1 mitgeteilt wird. Als geeignete Maßnahme gilt insbesondere die Möglichkeit des Betroffenen, seinen Standpunkt geltend zu machen. Die verantwortliche Stelle ist verpflichtet, ihre Entscheidung erneut zu prüfen.

(3) Das Recht des Betroffenen auf Auskunft nach den §§ 19 und 34 erstreckt sich auch auf den logischen Aufbau der automatisierten Verarbeitung der ihn betreffenden Daten.

§ 6b
Beobachtung öffentlich zugänglicher Räume mit optisch-elektronischen Einrichtungen

(1) Die Beobachtung öffentlich zugänglicher Räume mit optisch-elektronischen Einrichtungen (Videoüberwachung) ist nur zulässig, soweit sie
1. zur Aufgabenerfüllung öffentlicher Stellen,
2. zur Wahrnehmung des Hausrechts oder
3. zur Wahrnehmung berechtigter Interessen für konkret festgelegte Zwecke
erforderlich ist und keine Anhaltspunkte bestehen, dass schutzwürdige Interessen der Betroffenen überwiegen.

(2) Der Umstand der Beobachtung und die verantwortliche Stelle sind durch geeignete Maßnahmen erkennbar zu machen.

(3) Die Verarbeitung oder Nutzung von nach Absatz 1 erhobenen Daten ist zulässig, wenn sie zum Erreichen des verfolgten Zwecks erforderlich ist und keine Anhaltspunkte bestehen, dass schutzwürdige Interessen der Betroffenen überwiegen. Für einen anderen Zweck dürfen sie nur verarbeitet oder genutzt werden, soweit dies zur Abwehr von Gefahren für die staatliche und öffentliche Sicherheit sowie zur Verfolgung von Straftaten erforderlich ist.

(4) Werden durch Videoüberwachung erhobene Daten einer bestimmten Person zugeordnet, ist diese über eine Verarbeitung oder Nutzung entsprechend den §§ 19a und 33 zu benachrichtigen.

(5) Die Daten sind unverzüglich zu löschen, wenn sie zur Erreichung des Zwecks nicht mehr erforderlich sind oder schutzwürdige Interessen der Betroffenen einer weiteren Speicherung entgegenstehen.

§ 6c
Mobile personenbezogene Speicher- und Verarbeitungsmedien

(1) Die Stelle, die ein mobiles personenbezogenes Speicher- und Verarbeitungsmedium ausgibt oder ein Verfahren zur automatisierten Verarbeitung personenbezogener Daten, das ganz oder teilweise auf einem solchen Medium abläuft, auf das Medium aufbringt, ändert oder hierzu bereithält, muss den Betroffenen
1. über ihre Identität und Anschrift,
2. in allgemein verständlicher Form über die Funktionsweise des Mediums einschließlich der Art der zu verarbeitenden personenbezogenen Daten,
3. darüber, wie er seine Rechte nach den §§ 19, 20, 34 und 35 ausüben kann, und
4. über die bei Verlust oder Zerstörung des Mediums zu treffenden Maßnahmen

unterrichten, soweit der Betroffene nicht bereits Kenntnis erlangt hat.

(2) Die nach Absatz 1 verpflichtete Stelle hat dafür Sorge zu tragen, dass die zur Wahrnehmung des Auskunftsrechts erforderlichen Geräte oder Einrichtungen in angemessenem Umfang zum unentgeltlichen Gebrauch zur Verfügung stehen.

(3) Kommunikationsvorgänge, die auf dem Medium eine Datenverarbeitung auslösen, müssen für den Betroffenen eindeutig erkennbar sein.

§ 7
Schadensersatz

Fügt eine verantwortliche Stelle dem Betroffenen durch eine nach diesem Gesetz oder nach anderen Vorschriften über den Datenschutz unzulässige oder unrichtige Erhebung, Verarbeitung oder Nutzung seiner personenbezogenen Daten einen Schaden zu, ist sie oder ihr Träger dem Betroffenen zum Schadensersatz verpflichtet. Die Ersatzpflicht entfällt, soweit die verantwortliche Stelle die nach den Umständen des Falles gebotene Sorgfalt beachtet hat.

§ 8
Schadensersatz bei automatisierter Datenverarbeitung durch öffentliche Stellen

(1) Fügt eine verantwortliche öffentliche Stelle dem Betroffenen durch eine nach diesem Gesetz oder nach anderen Vorschriften über den Datenschutz unzulässige oder unrichtige automatisierte Erhebung, Verarbeitung oder Nutzung seiner personenbezogenen Daten einen Schaden zu, ist ihr Träger dem Betroffenen unabhängig von einem Verschulden zum Schadensersatz verpflichtet.

(2) Bei einer schweren Verletzung des Persönlichkeitsrechts ist dem Betroffenen der Schaden, der nicht Vermögensschaden ist, angemessen in Geld zu ersetzen.

(3) Die Ansprüche nach den Absätzen 1 und 2 sind insgesamt auf einen Betrag von 250 000 Deutsche Mark begrenzt. Ist aufgrund desselben Ereignisses an mehrere Personen Schadensersatz zu leisten, der insgesamt den Höchstbetrag von 250 000 Deutsche Mark übersteigt, so verringern sich die einzelnen Schadensersatzleistungen in dem Verhältnis, in dem ihr Gesamtbetrag zu dem Höchstbetrag steht.

(4) Sind bei einer automatisierten Verarbeitung mehrere Stellen speicherungsberechtigt und ist der Geschädigte nicht in der Lage, die speichernde Stelle festzustellen, so haftet jede dieser Stellen.

(5) Auf das Mitverschulden des Betroffenen und die Verjährung sind die §§ 254 und 852 des Bürgerlichen Gesetzbuches entsprechend anzuwenden.

§ 9
Technische und organisatorische Maßnahmen

Öffentliche und nicht-öffentliche Stellen, die selbst oder im Auftrag personenbezogene Daten erheben, verarbeiten oder nutzen, haben die technischen und organisatorischen Maßnahmen zu treffen, die erforderlich sind, um die Ausführung der Vorschriften dieses Gesetzes, insbesondere die in der Anlage zu diesem Gesetz genannten Anforderungen, zu gewährleisten. Erforderlich sind Maßnahmen nur, wenn ihr Aufwand in einem angemessenen Verhältnis zu dem angestrebten Schutzzweck steht.

§ 9a
Datenschutzaudit

Zur Verbesserung des Datenschutzes und der Datensicherheit können Anbieter von Datenverarbeitungssystemen und -programmen und datenverarbeitende Stellen ihr Datenschutzkonzept sowie ihre technischen Einrichtungen durch unabhängige und zugelassene Gutachter prüfen und bewerten lassen sowie das Ergebnis der Prüfung veröffentlichen. Die näheren Anforderungen an die Prüfung und Bewertung, das Verfahren sowie die Auswahl und Zulassung der Gutachter werden durch besonderes Gesetz geregelt.

§ 10
Einrichtung automatisierter Abrufverfahren

(1) Die Einrichtung eines automatisierten Verfahrens, das die Übermittlung personenbezogener Daten durch Abruf ermöglicht, ist zulässig, soweit dieses Verfahren unter Berücksichtigung der schutzwürdigen Interessen der Betroffenen und der Aufgaben oder Geschäftszwecke der beteiligten Stellen angemessen ist. Die Vorschriften über die Zulässigkeit des einzelnen Abrufs bleiben unberührt.

(2) Die beteiligten Stellen haben zu gewährleisten, daß die Zulässigkeit des Abrufverfahrens kontrolliert werden kann. Hierzu haben sie schriftlich festzulegen:
1. Anlaß und Zweck des Abrufverfahrens,
2. Dritte, an die übermittelt wird,
3. Art der zu übermittelnden Daten,
4. nach § 9 erforderliche technische und organisatorischen Maßnahmen.

Im öffentlichen Bereich können die erforderlichen Festlegungen auch durch die Fachaufsichtsbehörden getroffen werden.

(3) Über die Einrichtung von Abrufverfahren ist in Fällen, in denen die in § 12 Abs. 1 genannten Stellen beteiligt sind, der Bundesbeauftragte für den Datenschutz und die Informationsfreiheit unter Mitteilung der Festlegungen nach Absatz 2 zu unterrichten. Die Einrichtung von Abrufverfahren, bei denen die in § 6 Abs. 2 und in § 19 Abs. 3 genannten Stellen beteiligt sind, ist nur zulässig, wenn das für die speichernde und die abrufende Stelle jeweils zuständige Bundes- oder Landesministerium zugestimmt hat.

(4) Die Verantwortung für die Zulässigkeit des einzelnen Abrufs trägt der Dritte, an den übermittelt wird. Die speichernde Stelle prüft die Zulässigkeit der Abrufe nur, wenn dazu Anlaß besteht. Die speichernde Stelle hat zu gewährleisten, daß die Übermittlung personenbezogener Daten zumindest durch geeignete Stichprobenverfahren festgestellt und überprüft werden kann. Wird ein Gesamtbestand personenbezogener Daten abgerufen oder übermittelt (Stapelverarbeitung), so bezieht sich die Gewährleistung der Feststellung und Überprüfung nur auf die Zulässigkeit des Abrufes oder der Übermittlung des Gesamtbestandes.

(5) Die Absätze 1 bis 4 gelten nicht für den Abruf allgemein zugänglicher Daten. Allgemein zugänglich sind Daten, die jedermann, sei es ohne oder nach vorheriger Anmeldung, Zulassung oder Entrichtung eines Entgelts, nutzen kann.

§ 11
Erhebung, Verarbeitung oder Nutzung personenbezogener Daten im Auftrag

(1) Werden personenbezogene Daten im Auftrag durch andere Stellen erhoben, verarbeitet oder genutzt, ist der Auftraggeber für die Einhaltung der Vorschriften dieses Gesetzes und anderer Vorschriften über den Datenschutz verantwortlich. Die in den §§ 6, 7 und 8 genannten Rechte sind ihm gegenüber geltend zu machen.

(2) Der Auftragnehmer ist unter besonderer Berücksichtigung der Eignung der von ihm getroffenen technischen und organisatorischen Maßnahmen sorgfältig auszuwählen. Der Auftrag ist schriftlich zu erteilen, wobei die Datenerhebung, -verarbeitung oder -nutzung, die technischen und organisatorischen Maßnahmen und etwaige Unterauftragsverhältnisse festzulegen sind. Er kann bei öffentlichen Stellen auch durch die Fachaufsichtsbehörde erteilt werden. Der Auftraggeber hat sich vor der Einhaltung der beim Auftragnehmer getroffenen technischen und organisatorischen Maßnahmen zu überzeugen.

(3) Der Auftragnehmer darf die Daten nur im Rahmen der Weisungen des Auftraggebers erheben, verarbeiten oder nutzen. Ist er der Ansicht, daß eine Weisung des Auftraggebers gegen dieses Gesetz oder andere Vorschriften über den Datenschutz verstößt, hat er den Auftraggeber unverzüglich darauf hinzuweisen.

(4) Für den Auftragnehmer gelten neben den §§ 5, 9, 43 Abs. 1, Abs. 3 und 4 sowie § 44 Abs. 1 Nr. 2, 5, 6 und 7 und Abs. 2 nur die Vorschriften über die Datenschutzkontrolle oder die Aufsicht, und zwar für
1. a) öffentliche Stellen,
   b) nicht-öffentliche Stellen, bei denen der öffentlichen Hand die Mehrheit der Anteile gehört oder die Mehrheit der Stimmen zusteht und der Auftraggeber eine öffentliche Stelle ist, die §§ 18, 24 bis 26 oder die entsprechenden Vorschriften der Datenschutzgesetze der Länder,
2. die übrigen nicht-öffentlichen Stellen, soweit sie personenbezogene Daten im Auftrag als Dienstleistungsunternehmen geschäftsmäßig erheben, verarbeiten oder nutzen, die §§ 4f, 4g und 38.

(5) Die Absätze 1 bis 4 gelten entsprechend, wenn die Prüfung oder Wartung automatisierter Verfahren oder von Datenverarbeitungsanlagen durch andere Stellen im Auftrag vorgenommen wird und dabei ein Zugriff auf personenbezogene Daten nicht ausgeschlossen werden kann.

Zweiter Abschnitt
Datenverarbeitung der öffentlichen Stellen

Erster Unterabschnitt
Rechtsgrundlagen der Datenverarbeitung

§ 12
Anwendungsbereich

(1) Die Vorschriften dieses Abschnittes gelten für öffentliche Stellen des Bundes, soweit sie nicht als öffentlich-rechtliche Unternehmen am Wettbewerb teilnehmen.

(2) Soweit der Datenschutz nicht durch Landesgesetz geregelt ist, gelten die §§ 12 bis 16, 19 bis 20 auch für die öffentlichen Stellen der Länder, soweit sie
1. Bundesrecht ausführen und nicht als öffentlich-rechtliche Unternehmen am Wettbewerb teilnehmen oder
2. als Organe der Rechtspflege tätig werden und es sich nicht um Verwaltungsangelegenheiten handelt.

(3) Für Landesbeauftragte für den Datenschutz gilt § 23 Abs. 4 entsprechend.

(4) Werden personenbezogene Daten für frühere, bestehende oder zukünftige dienst- oder arbeitsrechtliche Rechtsverhältnisse erhoben, verarbeitet oder genutzt, gelten anstelle der §§ 13 bis 16, 19 bis 20 der § 28 Abs. 1 und 3 Nr. 1 sowie die §§ 33 bis 35, auch soweit personenbezogene Daten weder automatisiert verarbeitet noch in nicht automatisierten Dateien verarbeitet oder genutzt oder dafür erhoben werden.

§ 13
Datenerhebung

(1) Das Erheben personenbezogener Daten ist zulässig, wenn ihre Kenntnis zur Erfüllung der Aufgaben der verantwortlichen Stelle erforderlich ist.

(1a) Werden personenbezogene Daten statt beim Betroffenen bei einer nicht öffentlichen Stelle erhoben, so ist die Stelle auf die Rechtsvorschrift, die zur Auskunft verpflichtet, sonst auf die Freiwilligkeit ihrer Angaben hinzuweisen.

(2) Das Erheben besonderer Arten personenbezogener Daten (§ 3 Abs. 9) ist nur zulässig, soweit
1. eine Rechtsvorschrift dies vorsieht oder aus Gründen eines wichtigen öffentlichen Interesses zwingend erfordert,
2. der Betroffene nach Maßgabe des § 4a Abs. 3 eingewilligt hat,
3. dies zum Schutz lebenswichtiger Interessen des Betroffenen oder eines Dritten erforderlich ist, sofern der Betroffene aus physischen oder rechtlichen Gründen außerstande ist, seine Einwilligung zu geben,
4. es sich um Daten handelt, die der Betroffene offenkundig öffentlich gemacht hat,
5. dies zur Abwehr einer erheblichen Gefahr für die öffentliche Sicherheit erforderlich ist,
6. dies zur Abwehr erheblicher Nachteile für das Gemeinwohl oder zur Wahrung erheblicher Belange des Gemeinwohls zwingend erforderlich ist,
7. dies zum Zweck der Gesundheitsvorsorge, der medizinischen Diagnostik, der Gesundheitsversorgung oder Behandlung oder für die Verwaltung von Gesundheitsdiensten erforderlich ist und die Verarbeitung dieser Daten durch ärztliches Personal oder durch sonstige Personen erfolgt, die einer entsprechenden Geheimhaltungspflicht unterliegen,
8. dies zur Durchführung wissenschaftlicher Forschung erforderlich ist, das wissenschaftliche Interesse an der Durchführung des Forschungsvorhabens das Interesse des Betroffenen an dem Ausschluss der Erhebung erheblich überwiegt und der Zweck der Forschung auf andere Weise

nicht oder nur mit unverhältnismäßigem Aufwand erreicht werden kann oder
9. dies aus zwingenden Gründen der Verteidigung oder der Erfüllung über- oder zwischenstaatlicher Verpflichtungen einer öffentlichen Stelle des Bundes auf dem Gebiet der Krisenbewältigung oder Konfliktverhinderung oder für humanitäre Maßnahmen erforderlich ist.

(3) und (4) aufgehoben

§ 14
Datenspeicherung, -veränderung und -nutzung

(1) Das Speichern, Verändern oder Nutzen personenbezogener Daten ist zulässig, wenn es zur Erfüllung der in der Zuständigkeit der verantwortlichen Stelle liegenden Aufgaben erforderlich ist und es für die Zwecke erfolgt, für die die Daten erhoben worden sind. Ist keine Erhebung vorausgegangen, dürfen die Daten nur für die Zwecke geändert oder genutzt werden, für die sie gespeichert worden sind.

(2) Das Speichern, Verändern oder Nutzen für andere Zwecke ist nur zulässig, wenn
1. eine Rechtsvorschrift dies vorsieht oder zwingend voraussetzt,
2. der Betroffene eingewilligt hat,
3. offensichtlich ist, daß es im Interesse des Betroffenen liegt, und kein Grund zu der Annahme besteht, daß er in Kenntnis des anderen Zwecks seine Einwilligung verweigern würde,
4. Angaben des Betroffenen überprüft werden müssen, weil tatsächliche Anhaltspunkte für deren Unrichtigkeit bestehen,
5. die Daten allgemein zugänglich sind oder die verantwortliche Stelle sie veröffentlichen durfte, es sei denn, daß das schutzwürdige Interesse des Betroffenen an dem Ausschluß der Zweckänderung offensichtlich überwiegt,
6. es zur Abwehr erheblicher Nachteile für das Gemeinwohl oder einer Gefahr für die öffentliche Sicherheit oder zur Wahrung erheblicher Belange des Gemeinwohls erforderlich ist,
7. es zur Verfolgung von Straftaten oder Ordnungswidrigkeiten, zur Vollstreckung oder zum Vollzug von Strafen oder Maßnahmen im Sinne des § 11 Abs. 1 Nr. 8 des Strafgesetzbuches oder von Erziehungsmaßregeln oder Zuchtmitteln im Sinne des Jugendgerichtsgesetzes oder zur Vollstreckung von Bußgeldentscheidungen erforderlich ist,
8. es zur Abwehr einer schwerwiegenden Beeinträchtigung der Rechte einer anderen Person erforderlich ist oder
9. es zur Durchführung wissenschaftlicher Forschung erforderlich ist, das wissenschaftliche Interesse an der Durchführung des Forschungsvorhabens das Interesse des Betroffenen an dem Ausschluß der Zweckänderung erheblich überwiegt und der

Zweck der Forschung auf andere Weise nicht oder nur mit unverhältnismäßigem Aufwand erreicht werden kann.

(3) Eine Verarbeitung oder Nutzung für andere Zwecke liegt nicht vor, wenn sie der Wahrnehmung von Aufsichts- und Kontrollbefugnissen, der Rechnungsprüfung oder der Durchführung von Organisationsuntersuchungen für die verantwortliche Stelle dient. Das gilt auch für die Verarbeitung oder Nutzung zu Ausbildungs- und Prüfungszwecken durch die verantwortliche Stelle, soweit nicht überwiegende schutzwürdige Interessen des Betroffenen entgegenstellen.

(4) Personenbezogene Daten, die ausschließlich zu Zwecken der Datenschutzkontrolle, der Datensicherung oder zur Sicherstellung eines ordnungsgemäßen Betriebes einer Datenverarbeitungsanlage gespeichert werden, dürfen nur für diese Zwecke verwendet werden.

(5) Das Speichern, Verändern oder Nutzen von besonderen Arten personenbezogener Daten (§ 3 Abs. 9) für andere Zwecke ist nur zulässig, wenn
1. die Voraussetzungen vorliegen, die eine Erhebung nach § 13 Abs. 2 Nr. 1 bis 6 oder 9 zulassen würden oder
2. dies zur Durchführung wissenschaftlicher Forschung erforderlich ist, das öffentliche Interesse an der Durchführung des Forschungsvorhabens das Interesse des Betroffenen an dem Ausschluss der Zweckänderung erheblich überwiegt und der Zweck der Forschung auf andere Weise nicht oder nur mit unverhältnismäßigem Aufwand erreicht werden kann.

Bei der Abwägung nach Satz 1 Nr. 2 ist im Rahmen des öffentlichen Interesses das wissenschaftliche Interesse an dem Forschungsvorhaben besonders zu berücksichtigen.

(6) Die Speicherung, Veränderung oder Nutzung von besonderen Arten personenbezogener Daten (§ 3 Abs. 9) zu den in § 13 Abs. 2 Nr. 7 genannten Zwecken richtet sich nach den für die in § 13 Abs. 2 Nr. 7 genannten Personen geltenden Geheimhaltungspflichten.

§ 15
Datenübermittlung an öffentliche Stellen

(1) Die Übermittlung personenbezogener Daten an öffentliche Stellen ist zulässig, wenn
1. sie zur Erfüllung der in der Zuständigkeit der übermittelnden Stelle oder des Dritten, an den die Daten übermittelt werden, liegenden Aufgaben erforderlich ist und
2. die Voraussetzungen vorliegen, die eine Nutzung nach § 14 zulassen würden.

(2) Die Verantwortung für die Zulässigkeit der Übermittlung trägt die übermittelnde Stelle. Erfolgt die Übermittlung auf Ersuchen des Dritten, an den die Daten übermittelt werden, trägt dieser die Verantwortung. In diesem Falle prüft die übermittelnde Stelle nur, ob das Übermittlungsersuchen im Rahmen der Aufgaben des Dritten, an den die Daten übermittelt werden, liegt, es sei denn, daß besonderer Anlaß zur Prüfung der Zulässigkeit der Übermittlung besteht. § 10 Abs. 4 bleibt unberührt.

(3) Der Dritte, an den die Daten übermittelt werden, darf diese für den Zweck verarbeiten oder nutzen, zu dessen Erfüllung sie ihm übermittelt werden. Eine Verarbeitung oder Nutzung für andere Zwecke ist nur unter den Voraussetzungen des § 14 Abs. 2 zulässig.

(4) Für die Übermittlung personenbezogener Daten an Stellen der öffentlich-rechtlichen Religionsgesellschaften gelten die Absätze 1 bis 3 entsprechend, sofern sichergestellt ist, daß bei diesen ausreichende Datenschutzmaßnahmen getroffen werden.

(5) Sind mit personenbezogenen Daten, die nach Absatz 1 übermittelt werden dürfen, weitere personenbezogene Daten des Betroffenen oder eines Dritten so verbunden, daß eine Trennung nicht oder nur mit unvertretbarem Aufwand möglich ist, so ist die Übermittlung auch dieser Daten zulässig, soweit nicht berechtigte Interessen des Betroffenen oder eines Dritten an deren Geheimhaltung offensichtlich überwiegen; eine Nutzung dieser Daten ist unzulässig.

(6) Absatz 5 gilt entsprechend, wenn personenbezogene Daten innerhalb einer öffentlichen Stelle weitergegeben werden.

§ 16
Datenübermittlung an nicht-öffentliche Stellen

(1) Die Übermittlung personenbezogener Daten an nicht-öffentliche Stellen ist zulässig, wenn
1. sie zur Erfüllung der in der Zuständigkeit der übermittelnden Stelle liegenden Aufgaben erforderlich ist und die Voraussetzungen vorliegen, die eine Nutzung nach § 14 zulassen würden, oder
2. der Dritte, an den die Daten übermittelt werden, ein berechtigtes Interesse an der Kenntnis der zu übermittelnden Daten glaubhaft darlegt und der Betroffene kein schutzwürdiges Interesse an dem Ausschluß der Übermittlung hat. Das Übermitteln von besonderen Arten personenbezogener Daten (§ 3 Abs. 9 ist abweichend von Satz 1 Nr. 2 nur zulässig, wenn die Voraussetzungen vorliegen, die eine Nutzung von § 14 Abs. 5 und 6 zulassen würden oder soweit dies zur Geltendmachung,

Ausübung oder Verteidigung rechtlicher Ansprüche erforderlich ist.

(2) Die Verantwortung für die Zulässigkeit der Übermittlung trägt die übermittelnde Stelle.

(3) In den Fällen der Übermittlung nach Absatz 1 Nr. 2 unterrichtet die übermittelnde Stelle den Betroffenen von der Übermittlung seiner Daten. Dies gilt nicht, wenn damit zu rechnen ist, daß er davon auf andere Weise Kenntnis erlangt, oder wenn die Unterrichtung die öffentliche Sicherheit gefährden oder sonst dem Wohle des Bundes oder eines Landes Nachteile bereiten würde.

(4) Der Dritte, an den die Daten übermittelt werden, darf diese nur für den Zweck verarbeiten oder nutzen, zu dessen Erfüllung sie ihm übermittelt werden. Die übermittelnde Stelle hat ihn darauf hinzuweisen. Eine Verarbeitung oder Nutzung für andere Zwecke ist zulässig, wenn eine Übermittlung nach Absatz 1 zulässig wäre und die übermittelnde Stelle zugestimmt hat.

§ 17
(aufgehoben)

§ 18
Durchführung des Datenschutzes in der Bundesverwaltung

(1) Die obersten Bundesbehörden, der Präsident des Bundeseisenbahnvermögens sowie die bundesunmittelbaren Körperschaften, Anstalten und Stiftungen des öffentlichen Rechts, über die von der Bundesregierung oder einer obersten Bundesbehörde lediglich die Rechtsaufsicht ausgeübt wird, haben für ihren Geschäftsbereich die Ausführung dieses Gesetzes sowie anderer Rechtsvorschriften über den Datenschutz sicherzustellen. Das gleiche gilt für die Vorstände der aus dem Sondervermögen Deutsche Bundespost durch Gesetz hervorgegangenen Unternehmen, solange diesen ein ausschließliches Recht nach dem Postgesetz zusteht.

(2) Die öffentlichen Stellen führen ein Verzeichnis der eingesetzten Datenverarbeitungsanlagen. Für ihre automatisierten Verarbeitungen haben sie die Angaben nach § 4e sowie die Rechtsgrundlage der Verarbeitung schriftlich festzulegen. Bei allgemeinen Verwaltungszwecken dienenden automatisierten Verarbeitungen, bei welchen das Auskunftsrecht des Betroffenen nicht nach § 19 Abs. 3 oder 4 eingeschränkt wird, kann hiervon abgesehen werden. Für automatisierte Verarbeitungen, die in gleicher oder ähnlicher Weise mehrfach geführt werden, können die Festlegungen zusammengefasst werden.

(3) (aufgehoben)

Zweiter Unterabschnitt
Rechte des Betroffenen

§ 19
Auskunft an den Betroffenen

(1) Dem Betroffenen ist auf Antrag Auskunft zu erteilen über
1. die zu seiner Person gespeicherten Daten, auch soweit sie sich auf die Herkunft dieser Daten beziehen,
2. die Empfänger oder Kategorien von Empfängern, an die die Daten weitergegeben werden, und
3. den Zweck der Speicherung.

In dem Antrag soll die Art der personenbezogenen Daten, über die Auskunft erteilt werden soll, näher bezeichnet werden. Sind die personenbezogenen Daten weder automatisiert noch in nicht automatisierten Dateien gespeichert, wird die Auskunft nur erteilt, soweit der Betroffene Angaben macht, die das Auffinden der Daten ermöglichen, und der für die Erteilung der Auskunft erforderliche Aufwand nicht außer Verhältnis zu dem vom Betroffenen geltend gemachten Informationsinteresse steht. Die verantwortliche Stelle bestimmt das Verfahren, insbesondere die Form der Auskunftserteilung, nach pflichtgemäßem Ermessen.

(2) Absatz 1 gilt nicht für personenbezogene Daten, die nur deshalb gespeichert sind, weil sie aufgrund gesetzlicher, satzungsmäßiger oder vertraglicher Aufbewahrungsvorschriften nicht gelöscht werden dürfen, oder ausschließlich Zwecken der Datensicherung oder der Datenschutzkontrolle dienen und eine Auskunftserteilung einen unverhältnismäßigen Aufwand erfordern würde.

(3) Bezieht sich die Auskunftserteilung auf die Übermittlung personenbezogener Daten an Verfassungsschutzbehörden, den Bundesnachrichtendienst, den Militärischen Abschirmdienst und, soweit die Sicherheit des Bundes berührt wird, andere Behörden des Bundesministeriums der Verteidigung, ist sie nur mit Zustimmung dieser Stellen zulässig.

(4) Die Auskunftserteilung unterbleibt, soweit
1. die Auskunft die ordnungsgemäße Erfüllung der in der Zuständigkeit der verantwortlichen Stelle liegenden Aufgaben gefährden würde,
2. die Auskunft die öffentliche Sicherheit oder Ordnung gefährden oder sonst dem Wohle des Bundes oder eines Landes Nachteile bereiten würde oder
3. die Daten oder die Tatsache ihrer Speicherung nach einer Rechtsvorschrift oder ihrem Wesen nach, insbesondere wegen der überwiegenden berechtigten Interessen eines Dritten, geheimgehalten werden müssen

und deswegen das Interesse des Betroffenen an der Auskunftserteilung zurücktreten muß.

(5) Die Ablehnung der Auskunftserteilung bedarf einer Begründung nicht, soweit durch die Mitteilung der tatsächlichen und rechtlichen Gründe, auf die die Entscheidung gestützt wird, der mit der Auskunftsverweigerung verfolgte Zweck gefährdet würde. In diesem Falle ist der Betroffene darauf hinzuweisen, daß er sich an den Bundesbeauftragten für den Datenschutz und die Informationsfreiheit wenden kann.

(6) Wird dem Betroffenen keine Auskunft erteilt, so ist sie auf sein Verlangen dem Bundesbeauftragten für den Datenschutz und die Informationsfreiheit zu erteilen, soweit nicht die jeweils zuständige oberste Bundesbehörde im Einzelfall feststellt, daß dadurch die Sicherheit des Bundes oder eines Landes gefährdet würde.
Die Mitteilung des Bundesbeauftragten an den Betroffenen darf keine Rückschlüsse auf den Erkenntnisstand der verantwortlichen Stelle zulassen, sofern diese nicht einer weitergehenden Auskunft zustimmt.

(7) Die Auskunft ist unentgeltlich.

§ 19a
Benachrichtigung

(1) Werden Daten ohne Kenntnis des Betroffenen erhoben, so ist er von der Speicherung, der Identität der verantwortlichen Stelle sowie über die Zweckbestimmungen der Erhebung, Verarbeitung oder Nutzung zu unterrichten. Der Betroffene ist auch über die Empfänger oder Kategorien von Empfängern von Daten zu unterrichten, soweit er nicht mit der Übermittlung an diese rechnen muss. Sofern eine Übermittlung vorgesehen ist, hat die Unterrichtung spätestens bei der ersten Übermittlung zu erfolgen.

(2) Eine Pflicht zur Benachrichtigung besteht nicht, wenn
1. der Betroffene auf andere Weise Kenntnis von der Speicherung oder der Übermittlung erlangt hat,
2. die Unterrichtung des Betroffenen einen unverhältnismäßigen Aufwand erfordert oder
3. die Speicherung oder Übermittlung der personenbezogenen Daten durch Gesetz ausdrücklich vorgesehen ist.

Die verantwortliche Stelle legt schriftlich fest, unter welchen Voraussetzungen von einer Benachrichtigung nach Nummer 2 oder 3 abgesehen wird.

(3) § 19 Abs. 2 bis 4 gilt entsprechend.

§ 20
Berichtigung, Löschung und Sperrung von Daten; Widerspruchsrecht

(1) Personenbezogene Daten sind zu berichtigen, wenn sie unrichtig sind. Wird festgestellt, daß personenbezogene Daten, die weder automatisiert verarbeitet noch in nicht automatisierten Dateien gespeichert sind, unrichtig sind, oder wird ihre Richtigkeit von dem Betroffenen bestritten, so ist dies in geeigneter Weise festzuhalten.

(2) Personenbezogene Daten, die automatisiert verarbeitet oder in nicht automatisierten Dateien gespeichert sind, sind zu löschen, wenn
1. ihre Speicherung unzulässig ist oder
2. ihre Kenntnis für die verantwortliche Stelle zur Erfüllung der in ihrer Zuständigkeit liegenden Aufgaben nicht mehr erforderlich ist.

(3) An die Stelle einer Löschung tritt eine Sperrung, soweit
1. einer Löschung gesetzliche, satzungsmäßige oder vertragliche Aufbewahrungsfristen entgegenstehen,
2. Grund zu der Annahme besteht, daß durch eine Löschung schutzwürdige Interessen des Betroffenen beeinträchtigt würden, oder
3. eine Löschung wegen der besonderen Art der Speicherung nicht oder nur mit unverhältnismäßig hohem Aufwand möglich ist.

(4) Personenbezogene Daten, die automatisiert verarbeitet oder in nicht automatisierten Dateien gespeichert sind, sind ferner zu sperren, soweit ihre Richtigkeit vom Betroffenen bestritten wird und sich weder die Richtigkeit noch die Unrichtigkeit feststellen läßt.

(5) Personenbezogene Daten dürfen nicht für eine automatisierte Verarbeitung oder Verarbeitung in nicht automatisierten Dateien erhoben, verarbeitet oder genutzt werden, soweit der Betroffene dieser bei der verantwortlichen Stelle widerspricht und eine Prüfung ergibt, dass das schutzwürdige Interesse des Betroffenen wegen seiner besonderen persönlichen Situation das Interesse der verantwortlichen Stelle an dieser Erhebung, Verarbeitung oder Nutzung überwiegt. Satz 1 gilt nicht, wenn eine Rechtsvorschrift zur Erhebung, Verarbeitung oder Nutzung verpflichtet.

(6) Personenbezogene Daten, die weder automatisiert verarbeitet noch in einer nicht automatisierten Datei gespeichert sind, sind zu sperren, wenn die Behörde im Einzelfall feststellt, daß ohne die Sperrung schutzwürdige Interessen des Betroffenen beeinträchtigt würden und die Daten für die Aufgabenerfüllung der Behörde nicht mehr erforderlich sind.

(7) Gesperrte Daten dürfen ohne Einwilligung des Betroffenen nur übermittelt oder genutzt werden, wenn

1. es zu wissenschaftlichen Zwecken, zur Behebung einer bestehenden Beweisnot oder aus sonstigen im überwiegenden Interesse der verantwortlichen Stelle oder eines Dritten liegenden Gründen unerläßlich ist und
2. die Daten hierfür übermittelt oder genutzt werden dürften, wenn sie nicht gesperrt wären.

(8) Von der Berichtigung unrichtiger Daten, der Sperrung bestrittener Daten sowie der Löschung oder Sperrung wegen Unzulässigkeit der Speicherung sind die Stellen zu verständigen, denen im Rahmen einer Datenübermittlung diese Daten zur Speicherung weitergegeben wurden, wenn dies keinen unverhältnismäßigen Aufwand erfordert und schutzwürdige Interessen des Betroffenen nicht entgegenstehen.

(9) § 2 Abs. 1 bis 6, 8 und 9 des Bundesarchivgesetzes ist anzuwenden.

§ 21
Anrufung des Bundesbeauftragten
für den Datenschutz und die Informationsfreiheit

Jedermann kann sich an den Bundesbeauftragten für den Datenschutz wenden, wenn er der Ansicht ist, bei der Erhebung, Verarbeitung oder Nutzung seiner personenbezogenen Daten durch öffentliche Stellen des Bundes in seinen Rechten verletzt worden zu sein. Für die Erhebung, Verarbeitung oder Nutzung von personenbezogenen Daten durch Gerichte des Bundes gilt dies nur, soweit diese in Verwaltungsangelegenheiten tätig werden.

Dritter Unterabschnitt
Bundesbeauftragter für den Datenschutz
und die Informationsfreiheit

§ 22
Wahl des Bundesbeauftragten
für den Datenschutz und die Informationsfreiheit

(1) Der Deutsche Bundestag wählt auf Vorschlag der Bundesregierung den Bundesbeauftragten für den Datenschutz mit mehr als der Hälfte der gesetzlichen Zahl seiner Mitglieder. Der Bundesbeauftragte muß bei seiner Wahl das 35. Lebensjahr vollendet haben. Der Gewählte ist vom Bundespräsidenten zu ernennen.

(2) Der Bundesbeauftragte leistet vor dem Bundesminister des Innern folgenden Eid:
„Ich schwöre, daß ich meine Kraft dem Wohle des deutschen Volkes widmen, seinen Nutzen meh-

ren, Schaden von ihm wenden, das Grundgesetz und die Gesetze des Bundes wahren und verteidigen, meine Pflichten gewissenhaft erfüllen und Gerechtigkeit gegen jedermann üben werde. So wahr mir Gott helfe."
Der Eid kann auch ohne religiöse Beteuerung geleistet werden.

(3) Die Amtszeit des Bundesbeauftragten beträgt fünf Jahre. Einmalige Wiederwahl ist zulässig.

(4) Der Bundesbeauftragte steht nach Maßgabe dieses Gesetzes zum Bund in einem öffentlichrechtlichen Amtsverhältnis. Er ist in Ausübung seines Amtes unabhängig und nur dem Gesetz unterworfen. Er untersteht der Rechtsaufsicht der Bundesregierung.

(5) Der Bundesbeauftragte wird beim Bundesministerium des Innern eingerichtet. Er untersteht der Dienstaufsicht des Bundesministeriums des Innern. Dem Bundesbeauftragten ist die für die Erfüllung seiner Aufgaben notwendige Personal- und Sachausstattung zur Verfügung zu stellen; sie ist im Einzelplan des Bundesministeriums des Innern in einem eigenen Kapitel auszuweisen. Die Stellen sind im Einvernehmen mit dem Bundesbeauftragten zu besetzen. Die Mitarbeiter können, falls sie mit der beabsichtigten Maßnahme nicht einverstanden sind, nur im Einvernehmen mit ihm versetzt, abgeordnet oder umgesetzt werden.

(6) Ist der Bundesbeauftragte vorübergehend an der Ausübung seines Amtes verhindert, kann der Bundesminister des Innern einen Vertreter mit der Wahrnehmung der Geschäfte beauftragen. Der Bundesbeauftragte soll dazu gehört werden.

§ 23
Rechtsstellung des Bundesbeauftragten
für den Datenschutz und die Informationsfreiheit

(1) Das Amtsverhältnis des Bundesbeauftragten für den Datenschutz beginnt mit der Aushändigung der Ernennungsurkunde. Es endet
1. mit Ablauf der Amtszeit,
2. mit der Entlassung.

Der Bundespräsident entläßt den Bundesbeauftragten, wenn dieser es verlangt oder auf Vorschlag der Bundesregierung, wenn Gründe vorliegen, die bei einem Richter auf Lebenszeit die Entlassung aus dem Dienst rechtfertigen. Im Falle der Beendigung des Amtsverhältnisses erhält der Bundesbeauftragte eine vom Bundespräsidenten vollzogene Urkunde. Eine Entlassung wird mit der Aushändigung der Urkunde wirksam. Auf Ersuchen des Bundesministers des Innern ist der Bundesbeauftragte verpflichtet, die Geschäfte bis zur Ernennung seines Nachfolgers weiterzuführen.

(2) Der Bundesbeauftragte darf neben seinem Amt kein anderes besoldetes Amt, kein Gewerbe und keinen Beruf ausüben und weder der Leitung oder dem Aufsichtsrat oder Verwaltungsrat eines auf Erwerb gerichteten Unternehmens noch einer Regierung oder einer gesetzgebenden Körperschaft des Bundes oder eines Landes angehören. Er darf nicht gegen Entgelt außergerichtliche Gutachten abgeben.

(3) Der Bundesbeauftragte hat dem Bundesministerium des Innern Mitteilung über Geschenke zu machen, die er in bezug auf sein Amt erhält. Das Bundesministerium des Innern entscheidet über die Verwendung der Geschenke.

(4) Der Bundesbeauftragte ist berechtigt, über Personen, die ihm in seiner Eigenschaft als Bundesbeauftragter Tatsachen anvertraut haben, sowie über diese Tatsachen selbst das Zeugnis zu verweigern. Dies gilt auch für die Mitarbeiter des Bundesbeauftragten mit der Maßgabe, daß über die Ausübung dieses Rechts der Bundesbeauftragte entscheidet. Soweit das Zeugnisverweigerungsrecht des Bundesbeauftragten reicht, darf die Vorlegung oder Auslieferung von Akten oder anderen Schriftstücken von ihm nicht gefordert werden.

(5) Der Bundesbeauftragte ist, auch nach Beendigung seines Amtsverhältnisses, verpflichtet, über die ihm amtlich bekanntgewordenen Angelegenheiten Verschwiegenheit zu bewahren. Dies gilt nicht für Mitteilungen im dienstlichen Verkehr oder über Tatsachen, die offenkundig sind oder ihrer Bedeutung nach keiner Geheimhaltung bedürfen. Der Bundesbeauftragte darf, auch wenn er nicht mehr im Amt ist, über solche Angelegenheiten ohne Genehmigung des Bundesministeriums des Innern weder vor Gericht noch außergerichtlich aussagen oder Erklärungen abgeben. Unberührt bleibt die gesetzlich begründete Pflicht, Straftaten anzuzeigen und bei Gefährdung der freiheitlichen demokratischen Grundordnung für deren Erhaltung einzutreten. Für den Bundesbeauftragten und seine Mitarbeiter gelten die §§ 93, 97, 105 Abs. 1, § 111 Abs. 5 in Verbindung mit § 105 Abs. 1 sowie § 116 Abs. 1 der Abgabenordnung nicht. Satz 5 findet keine Anwendung, soweit die Finanzbehörden die Kenntnis für die Durchführung eines Verfahrens wegen einer Steuerstraftat sowie eines damit zusammenhängenden Steuerverfahrens benötigen, an deren Verfolgung ein zwingendes öffentliches Interesse besteht, oder soweit es sich um vorsätzlich falsche Angaben des Auskunftspflichtigen oder der für ihn tätigen Personen handelt. Stellt der Bundesbeauftragte einen Datenschutzverstoß fest, ist er befugt, diesen anzuzeigen und den Betroffenen hierüber zu informieren.

(6) Die Genehmigung, als Zeuge auszusagen, soll nur versagt werden, wenn die Aussage dem Wohle des Bundes oder eines deutschen Landes Nachteile bereiten oder die Erfüllung öffentlicher Aufgaben ernstlich gefährden oder erheblich erschweren würde. Die Genehmigung, ein Gutachten zu erstatten, kann versagt werden, wenn die Erstattung den dienstlichen Interessen Nachteile bereiten würde. § 28 des Bundesverfassungsgerichtsgesetzes bleibt unberührt.

(7) Der Bundesbeauftragte erhält vom Beginn des Kalendermonats an, in dem das Amtsverhältnis beginnt, bis zum Schluß des Kalendermonats, in dem das Amtsverhältnis endet, im Falle des Absatzes 1 Satz 6 bis zum Ende des Monats, in dem die Geschäftsführung endet, Amtsbezüge in Höhe der einem Bundesbeamten der Besoldungsgruppe B 9 zustehenden Besoldung. Das Bundesreisekostengesetz und das Bundesumzugskostengesetz sind entsprechend anzuwenden. Im übrigen sind die §§ 13 bis 20 des Bundesministergesetzes in der Fassung der Bekanntmachung vom 27. Juli 1971 (BGBl. I S. 1166), zuletzt geändert durch das Gesetz zur Kürzung des Amtsgehalts der Mitglieder der Bundesregierung und der Parlamentarischen Staatssekretäre vom 22. Dezember 1982 (BGBl. I S. 2007), mit der Maßgabe anzuwenden, daß an die Stelle der zweijährigen Amtszeit in § 15 Abs. 1 des Bundesministergesetzes eine Amtszeit von fünf Jahren tritt. Abweichend von Satz 3 in Verbindung mit den §§ 15 bis 17 des Bundesministergesetzes berechnet sich das Ruhegehalt des Bundesbeauftragten unter Hinzurechnung der Amtszeit als ruhegehaltsfähige Dienstzeit in entsprechender Anwendung des Beamtenversorgungsgesetzes, wenn dies günstiger ist und der Bundesbeauftragte sich unmittelbar vor seiner Wahl zum Bundesbeauftragten als Beamter oder Richter mindestens in dem letzten gewöhnlich vor Erreichen der Besoldungsgruppe B 9 zu durchlaufenden Amt befunden hat.
Gemäß Artikel 3 Nr. 2 des Versorgungsänderungsgesetzes 2001 vom 20. Dezember 2001 (BGBl. I S. 3926) ist am 1. Januar 2003 § 23 Abs. 7 wie folgt geändert worden:
a) Satz 3 wird wie folgt gefasst: „Im Übrigen sind die §§ 13 bis 20 und 21a Abs. 5 des Bundesministergesetzes mit den Maßgaben anzuwenden, dass an die Stelle der zweijährigen Amtszeit in § 15 Abs. 1 des Bundesministergesetzes eine Amtszeit von fünf Jahren und an die Stelle der Besoldungsgruppe B 11 in § 21 a Abs. 5 des Bundesministergesetzes die Besoldungsgruppe B 9 tritt.
b) In Satz 4 wird die Angabe „§§ 15 bis 17" durch die Angabe „§§ 15 bis 17 und 21 a Abs. 5" ersetzt.

(8) Absatz 5 Satz 5 bis 7 gilt entsprechend für die öffentlichen Stellen, die für die Kontrolle der Einhaltung der Vorschriften über den Datenschutz in den Ländern zuständig sind.

§ 24
Kontrolle durch den Bundesbeauftragten für den Datenschutz und die Informationsfreiheit

(1) Der Bundesbeauftragte für den Datenschutz kontrolliert bei den öffentlichen Stellen des Bundes die Einhaltung der Vorschriften dieses Gesetzes und anderer Vorschriften über den Datenschutz.

(2) Die Kontrolle des Bundesbeauftragten erstreckt sich auch auf
1. von öffentlichen Stellen des Bundes erlangte personenbezogene Daten über den Inhalt und die näheren Umstände des Brief-, Post- und Fernmeldeverkehrs, und
2. personenbezogene Daten, die einem Berufs- oder besonderen Amtsgeheimnis, insbesondere dem Steuergeheimnis nach § 30 der Abgabenordnung, unterliegen.

Das Grundrecht des Brief-, Post- und Fernmeldegeheimnisses des Artikels 10 des Grundgesetzes wird insoweit eingeschränkt. Personenbezogene Daten, die der Kontrolle durch die Kommission nach § 9 des Gesetzes zu Artikel 10 Grundgesetz unterliegen, unterliegen nicht der Kontrolle durch den Bundesbeauftragten, es sei denn, die Kommission ersucht den Bundesbeauftragten, die Einhaltung der Vorschriften über den Datenschutz bei bestimmten Vorgängen oder in bestimmten Bereichen zu kontrollieren und ausschließlich ihr darüber zu berichten. Der Kontrolle durch den Bundesbeauftragten unterliegen auch nicht personenbezogene Daten in Akten über die Sicherheitsüberprüfung, wenn der Betroffene der Kontrolle der auf ihn bezogenen Daten im Einzelfall gegenüber dem Bundesbeauftragten widerspricht.

(3) Die Bundesgerichte unterliegen der Kontrolle des Bundesbeauftragten nur, soweit sie in Verwaltungsangelegenheiten tätig werden.

(4) Die öffentlichen Stellen des Bundes sind verpflichtet, den Bundesbeauftragten und seine Beauftragten bei der Erfüllung ihrer Aufgaben zu unterstützen. Ihnen ist dabei insbesondere
1. Auskunft zu ihren Fragen sowie Einsicht in alle Unterlagen, insbesondere in die gespeicherten Daten und in die Datenverarbeitungsprogramme, zu gewähren, die im Zusammenhang mit der Kontrolle nach Absatz 1 stehen,
2. jederzeit Zutritt in alle Diensträume zu gewähren.

Die in § 6 Abs. 2 und § 19 Abs. 3 genannten Behörden gewähren die Unterstützung nur dem Bundesbeauftragten selbst und den von ihm schriftlich besonders Beauftragten. Satz 2 gilt für diese Behörden nicht, soweit die oberste Bundesbehörde im Einzelfall feststellt, daß die

Auskunft oder Einsicht die Sicherheit des Bundes oder eines Landes gefährden würde.

(5) Der Bundesbeauftragte teilt das Ergebnis seiner Kontrolle der öffentlichen Stelle mit. Damit kann er Vorschläge zur Verbesserung des Datenschutzes, insbesondere zur Beseitigung von festgestellten Mängeln bei der Verarbeitung oder Nutzung personenbezogener Daten, verbinden. § 25 bleibt unberührt.

(6) Absatz 2 gilt entsprechend für die öffentlichen Stellen, die für die Kontrolle der Einhaltung der Vorschriften über den Datenschutz in den Ländern zuständig sind.

§ 25
Beanstandungen durch den Bundesbeauftragten für den Datenschutz und die Informationsfreiheit

(1) Stellt der Bundesbeauftragte für den Datenschutz Verstöße gegen die Vorschriften dieses Gesetzes oder gegen andere Vorschriften über den Datenschutz oder sonstige Mängel bei der Verarbeitung oder Nutzung personenbezogener Daten fest, so beanstandet er dies
1. bei der Bundesverwaltung gegenüber der zuständigen obersten Bundesbehörde,
2. beim Bundeseisenbahnvermögen gegenüber dem Präsidenten,
3. bei den aus dem Sondervermögen Deutsche Bundespost durch Gesetz hervorgegangenen Unternehmen, solange ihnen ein ausschließliches Recht nach dem Postgesetz zusteht, gegenüber deren Vorständen,
4. bei den bundesunmittelbaren Körperschaften, Anstalten und Stiftungen des öffentlichen Rechts sowie bei Vereinigungen solcher Körperschaften, Anstalten und Stiftungen gegenüber dem Vorstand oder dem sonst vertretungsberechtigten Organ
und fordert zur Stellungnahme innerhalb einer von ihm zu bestimmenden Frist auf. In den Fällen von Satz 1 Nr. 4 unterrichtet der Bundesbeauftragte gleichzeitig die zuständige Aufsichtsbehörde.

(2) Der Bundesbeauftragte kann von einer Beanstandung absehen oder auf eine Stellungnahme der betroffenen Stelle verzichten, insbesondere wenn es sich um unerhebliche oder inzwischen beseitigte Mängel handelt.

(3) Die Stellungnahme soll auch eine Darstellung der Maßnahmen enthalten, die auf Grund der Beanstandung des Bundesbeauftragten getroffen worden sind. Die in Absatz 1 Satz 1 Nr. 4 genannten Stellen leiten der zuständigen Aufsichtsbehörde gleichzeitig eine Abschrift ihrer Stellungnahme an den Bundesbeauftragten zu.

§ 26
Weitere Aufgaben des Bundesbeauftragten für den Datenschutz und die Informationsfreiheit

(1) Der Bundesbeauftrage für den Datenschutz erstattet dem Deutschen Bundestag alle zwei Jahre einen Tätigkeitsbericht. Er unterrichtet den Deutschen Bundestag und die Öffentlichkeit über wesentliche Entwicklungen des Datenschutzes.

(2) Auf Anforderung des Deutschen Bundestages oder der Bundesregierung hat der Bundesbeauftragte Gutachten zu erstellen und Berichte zu erstatten. Auf Ersuchen des Deutschen Bundestages, des Petitionsausschusses, des Innenausschusses oder der Bundesregierung geht der Bundesbeauftragte ferner Hinweisen auf Angelegenheiten und Vorgänge des Datenschutzes bei den öffentlichen Stellen des Bundes nach. Der Bundesbeauftragte kann sich jederzeit an den Deutschen Bundestag wenden.

(3) Der Bundesbeauftragte kann der Bundesregierung und den in § 12 Abs. 1 genannten Stellen des Bundes Empfehlungen zur Verbesserung des Datenschutzes geben und sie in Fragen des Datenschutzes beraten. Die in § 25 Abs. 1 Nr. 1 bis 4 genannten Stellen sind durch den Bundesbeauftragten zu unterrichten, wenn die Empfehlung oder Beratung sie nicht unmittelbar betrifft.

(4) Der Bundesbeauftragte wirkt auf die Zusammenarbeit mit den öffentlichen Stellen, die für die Kontrolle der Einhaltung der Vorschriften über den Datenschutz in den Ländern zuständig sind, sowie mit den Aufsichtsbehörden nach § 38 hin. § 38 Abs. 1 Satz 3 und 4 gilt entsprechend.

(5) (aufgehoben)

Dritter Abschnitt
Datenverarbeitung nicht-öffentlicher Stellen und öffentlich-rechtlicher Wettbewerbsunternehmen

Erster Unterabschnitt
Rechtsgrundlagen der Datenverarbeitung

§ 27
Anwendungsbereich

(1) Die Vorschriften dieses Abschnittes finden Anwendung, soweit personenbezogene Daten unter Einsatz von Datenverarbeitungsanlagen verarbeitet, genutzt oder dafür erhoben werden oder die Daten in oder aus nicht automatisierten Dateien verarbeitet, genutzt oder dafür erhoben werden durch
1. nicht-öffentliche Stellen,
2. a) öffentliche Stellen des Bundes, soweit sie als öffentlich-rechtliche Unternehmen am Wettbewerb teilnehmen,
   b) öffentliche Stellen der Länder, soweit sie als öffentlich-rechtliche Unternehmen am Wettbewerb teilnehmen, Bundesrecht ausführen und der Datenschutz nicht durch Landesgesetz geregelt ist.

Dies gilt nicht, wenn die Erhebung, Verarbeitung oder Nutzung der Daten ausschließlich für persönliche oder familiäre Tätigkeiten erfolgt. In den Fällen der Nummer 2 Buchstabe a gelten anstelle des § 38 die §§ 18, 21 und 24 bis 26.

(2) Die Vorschriften dieses Abschnittes gelten nicht für die Verarbeitung und Nutzung personenbezogener Daten außerhalb von nicht automatisierten Dateien, soweit es sich nicht um personenbezogene Daten handelt, die offensichtlich aus einer automatisieren Verarbeitung entnommen worden sind.

§ 28
Datenerhebung, -verarbeitung und -nutzung für eigene Zwecke

(1) Das Erheben, Speichern, Verändern oder Übermitteln personenbezogener Daten oder ihre Nutzung als Mittel für die Erfüllung eigener Geschäftszwecke ist zulässig
1. wenn es der Zweckbestimmung eines Vertragsverhältnisses oder vertragsähnlichen Vertrauensverhältnisses mit dem Betroffenen dient,
2. soweit es zur Wahrung berechtigter Interessen der verantwortlichen Stelle erforderlich ist und kein Grund zu der Annahme besteht, daß das schutzwürdige Interesse des Betroffenen an dem Ausschluß der Verarbeitung oder Nutzung überwiegt oder,
3. wenn die Daten allgemein zugänglich sind oder die verantwortliche Stelle sie veröffentlichen dürfte, es sei denn, dass das schutzwürdige Interesse des Betoffenen an dem Ausschluss der Verarbeitung oder Nutzung gegenüber dem berechtigten Interesse der verantwortlichen Stelle offensichtlich überwiegt.
4. (aufgehoben)

Bei der Erhebung personenbezogener Daten sind die Zwecke, für die die Daten verarbeitet oder genutzt werden sollen, konkret festzulegen.

(2) Für einen anderen Zweck dürfen sie nur unter den Voraussetzungen des Absatzes 1 Satz 1 Nr. 2 und 3 übermittelt oder genutzt werden.

(3) Die Übermittlung oder Nutzung für einen anderen Zweck ist auch zulässig:
1. soweit es zur Wahrung berechtigter Interessen eines Dritten oder
2. zur Abwehr von Gefahren für die staatliche und öffentliche Sicherheit sowie zur Verfolgung von Straftaten erforderlich ist, oder

3. für Zwecke der Werbung, der Markt- und Meinungsforschung, wenn es sich um listenmäßig oder sonst zusammengefasste Daten über Angehörige einer Personengruppe handelt, die sich auf
   a) eine Angabe über die Zugehörigkeit des Betroffenen zu dieser Personengruppe,
   b) Berufs-, Branchen- oder Geschäftsbeziehung,
   c) Namen,
   d) Titel,
   e) akademische Grade,
   f) Anschrift und
   g) Geburtsjahr beschränken

und kein Grund zu der Annahme besteht, dass der Betroffene ein schutzwürdiges Interesse an dem Ausschluss der Übermittlung oder Nutzung hat, oder

4. wenn es im Interesse einer Forschungseinrichtung zur Durchführung wissenschaftlicher Forschung erforderlich ist, das wissenschaftliche Interesse an der Durchführung des Forschungsvorhabens das Interesse des Betroffenen an dem Ausschluss der Zweckänderung erheblich überwiegt und der Zweck der Forschung auf andere Weise nicht oder nur mit unverhältnismäßigem Aufwand erreicht werden kann.

In den Fällen des Satzes 1 Nr. 3 ist anzunehmen, dass dieses Interesse besteht, wenn im Rahmen der Zweckbestimmung eines Vertragsverhältnisses oder vertragsähnlichen Vertrauensverhältnisses gespeicherte Daten übermittelt werden sollen, die sich
1. auf strafbare Handlungen,
2. auf Ordnungswidrigkeiten sowie
3. bei Übermittlung durch den Arbeitgeber auf arbeitsrechtliche Rechtsverhältnisse beziehen.

(4) Widerspricht der Betroffene bei der verantwortlichen Stelle der Nutzung oder Übermittlung seiner Daten für Zwecke der Werbung oder der Markt- oder Meinungsforschung, ist eine Nutzung oder Übermittlung für diese Zwecke unzulässig. Der Betroffene ist bei der Ansprache zum Zweck der Werbung oder der Markt- oder Meinungsforschung über die verantwortliche Stelle sowie über das Widerspruchsrecht nach Satz 1 zu unterrichten; soweit der Ansprechende personenbezogene Daten des Betroffenen nutzt, die bei einer ihm nicht bekannten Stelle gespeichert sind, hat er auch sicherzustellen, dass der Betroffene Kenntnis über die Herkunft der Daten erhalten kann. Widerspricht der Betroffene bei dem Dritten, dem die Daten nach Absatz 3 übermittelt werden, der Verarbeitung oder Nutzung für Zwecke der Werbung oder der Markt- oder Meinungsforschung, hat dieser die Daten für diese Zwecke zu sperren.

(5) Der Dritte, dem die Daten übermittelt worden sind, darf diese nur für den Zweck verarbeiten oder nutzen, zu dessen Erfüllung sie ihm übermittelt werden. Eine Verarbeitung oder Nutzung für andere Zwecke ist nicht öffentlichen Stellen nur unter den Voraussetzungen der Absätze 2 und 3 und öffentlichen Stellen nur unter den Voraussetzungen des § 14 Abs. 2 erlaubt. Die übermittelnde Stelle hat ihn darauf hinzuweisen.

(6) Das Erheben, Verarbeiten und Nutzen von besonderen Arten personenbezogener Daten (§ 3 Abs. 9) für eigene Geschäftszwecke ist zulässig, soweit nicht der Betroffene nach Maßgabe des § 4a Abs. 3 eingewilligt hat, wenn
1. dies zum Schutz lebenswichtiger Interessen des Betroffenen oder eines Dritten erforderlich ist, sofern der Betroffene aus physischen oder rechtlichen Gründen außerstande ist, seine Einwilligung zu geben,
2. es sich um Daten handelt, die der Betroffene offenkundig öffentlich gemacht hat,
3. dies zur Geltendmachung, Ausübung oder Verteidigung rechtlicher Ansprüche erforderlich ist und kein Grund zu der Annahme besteht, dass das schutzwürdige Interesse des Betroffenen an dem Ausschluss der Erhebung, Verarbeitung oder Nutzung überwiegt, oder
4. dies zur Durchführung wissenschaftlicher Forschung erforderlich ist, das wissenschaftliche Interesse an der Durchführung des Forschungsvorhabens das Interesse des Betroffenen an dem Ausschluss der Erhebung, Verarbeitung und Nutzung erheblich überwiegt und der Zweck der Forschung auf andere Weise nicht oder nur mit unverhältnismäßigem Aufwand erreicht werden kann.

(7) Das Erheben von besonderen Arten personenbezogener Daten (§ 3 Abs. 9) ist ferner zulässig, wenn dies zum Zweck der Gesundheitsvorsorge, der medizinischen Diagnostik, der Gesundheitsversorgung oder Behandlung oder für die Verwaltung von Gesundheitsdiensten erforderlich ist und die Verarbeitung dieser Daten durch ärztliches Personal oder durch sonstige Personen erfolgt, die einer entsprechenden Geheimhaltungspflicht unterliegen. Die Verarbeitung und Nutzung von Daten zu den in Satz 1 genannten Zwecken richtet sich nach den für die in Satz 1 genannten Personen geltenden Geheimhaltungspflichten. Werden zu einem in Satz 1 genannten Zweck Daten über die Gesundheit von Personen durch Angehörige eines anderen als in § 203 Abs. 1 und 3 des Strafgesetzbuches genannten Berufes, dessen Ausübung die Feststellung, Heilung oder Linderung von Krankheiten oder die Herstellung oder den Vertrieb von Hilfsmitteln mit sich bringt, erhoben, verarbeitet oder genutzt, ist dies nur unter den Voraussetzungen zulässig, unter denen ein Arzt selbst hierzu befugt wäre.

(8) Für einen anderen Zweck dürfen die besonderen Arten personenbezogener Daten (§ 3 Abs. 9) nur unter den Voraussetzungen des Absatzes 6 Nr. 1 bis 4 oder des Absatzes 7 Satz 1 übermittelt oder

genutzt werden. Eine Übermittlung oder Nutzung ist auch zulässig, wenn dies zur Abwehr von erheblichen Gefahren für die staatliche und öffentliche Sicherheit sowie zur Verfolgung von Straftaten von erheblicher Bedeutung erforderlich ist.

(9) Organisationen, die politisch, philosophisch, religiös oder gewerkschaftlich ausgerichtet sind und keinen Erwerbszweck verfolgen, dürfen besondere Arten personenbezogener Daten (§ 3 Abs. 9) erheben, verarbeiten oder nutzen, soweit dies für die Tätigkeit der Organisation erforderlich ist. Dies gilt nur für personenbezogene Daten ihrer Mitglieder oder von Personen, die im Zusammenhang mit deren Tätigkeitszweck regelmäßig Kontakte mit ihr unterhalten. Die Übermittlung dieser personenbezogenen Daten an Personen oder Stellen außerhalb der Organisation ist nur unter den Voraussetzungen des § 4a Abs. 3 zulässig. Absatz 3 Nr. 2 gilt entsprechend.

§ 29
Geschäftsmäßige Datenerhebung und -speicherung zum Zwecke der Übermittlung

(1) Das geschäftsmäßige Erheben, Speichern oder Verändern personenbezogener Daten zum Zwecke der Übermittlung, insbesondere wenn dies der Werbung, der Tätigkeit von Auskunfteien, dem Adresshandel oder der Markt- und Meinungsforschung dient, ist zulässig, wenn
1. kein Grund zu der Annahme besteht, daß der Betroffene ein schutzwürdiges Interesse an dem Ausschluß der Erhebung, Speicherung oder Veränderung hat, oder
2. die Daten aus allgemein zugänglichen Quellen entnommen werden können oder die verantwortliche Stelle sie veröffentlichen dürfte, es sei denn, daß das schutzwürdige Interesse des Betroffenen an dem Ausschluß der Erhebung, Speicherung oder Veränderung offensichtlich überwiegt. § 28 Abs. 1 Satz 2 ist anzuwenden.

(2) Die Übermittlung im Rahmen der Zwecke nach Absatz 1 ist zulässig, wenn
1. a) der Dritte, dem die Daten übermittelt werden, ein berechtigtes Interesse an ihrer Kenntnis glaubhaft dargelegt hat oder
   b) es sich um listenmäßig oder sonst zusammengefaßte Daten nach § 28 Abs. 3 Nr. 3 handelt, die für Zwecke der Werbung oder der Markt- oder Meinungsforschung übermittelt werden sollen, und
2. kein Grund zu der Annahme besteht, daß der Betroffene ein schutzwürdiges Interesse an dem Ausschluß der Übermittlung hat. § 28 Abs. 3 Satz 2 gilt entsprechend. Bei der Übermittlung nach Nummer 1 Buchstabe a sind die Gründe für das Vorliegen eines berechtigten Interesses

und die Art und Weise ihrer glaubhaften Darlegung von der übermittelnden Stelle aufzuzeichnen. Bei der Übermittlung im automatisierten Abrufverfahren obliegt die Aufzeichnungspflicht dem Dritten, dem die Daten übermittelt werden.

(3) Die Aufnahme personenbezogener Daten in elektronische oder gedruckte Adress-, Telefon-, Branchen- oder vergleichbare Verzeichnisse hat zu unterbleiben, wenn der entgegenstehende Wille des Betroffenen aus dem zugrunde liegenden elektronischen oder gedruckten Verzeichnis oder Register ersichtlich ist. Der Empfänger der Daten hat sicherzustellen, dass Kennzeichnungen aus elektronischen oder gedruckten Verzeichnissen oder Registern bei der Übernahme in Verzeichnisse oder Register übernommen werden.

(4) Für die Verarbeitung oder Nutzung der übermittelten Daten gilt § 28 Abs. 4 und 5.

(5) § 28 Abs. 6 bis 9 gilt entsprechend.

§ 30
Geschäftsmäßige Datenerhebung und -speicherung zum Zwecke der Übermittlung in anonymisierter Form

(1) Werden personenbezogene Daten geschäftsmäßig erhoben und gespeichert, um sie in anonymisierter Form zu übermitteln, sind die Merkmale gesondert zu speichern, mit denen Einzelangaben über persönliche oder sachliche Verhältnisse einer bestimmten oder bestimmbaren natürlichen Person zugeordnet werden können. Diese Merkmale dürfen mit den Einzelangaben nur zusammengeführt werden, soweit dies für die Erfüllung des Zweckes der Speicherung oder zu wissenschaftlichen Zwecken erforderlich ist.

(2) Die Veränderung personenbezogener Daten ist zulässig, wenn
1. kein Grund zu der Annahme besteht, daß der Betroffene ein schutzwürdiges Interesse an dem Ausschluß der Veränderung hat, oder
2. die Daten aus allgemein zugänglichen Quellen entnommen werden können oder die verantwortliche Stelle sie veröffentlichen dürfte, soweit nicht das schutzwürdige Interesse des Betroffenen an dem Ausschluß der Veränderung offensichtlich überwiegt.

(3) Die personenbezogenen Daten sind zu löschen, wenn ihre Speicherung unzulässig ist.

(4) § 29 gilt nicht.

(5) § 28 Abs. 6 bis 9 gilt entsprechend.

§ 31
Besondere Zweckbindung

Personenbezogene Daten, die ausschließlich zu Zwecken der Datenschutzkontrolle, der Datensicherung oder zur Sicherstellung eines ordnungsgemäßen Betriebes einer Datenverarbeitungsanlage gespeichert werden, dürfen nur für diese Zwecke verwendet werden.

§ 32
(weggefallen)

Zweiter Unterabschnitt
Rechte des Betroffenen

§ 33
Benachrichtigung des Betroffenen

(1) Werden erstmals personenbezogene Daten für eigene Zwecke ohne Kenntnis des Betroffenen gespeichert, ist der Betroffene von der Speicherung, der Art der Daten, Der Zweckbestimmung der Erhebung, Verarbeitung oder Nutzung und der Identität der verantwortlichen Stelle zu benachrichtigen. Werden personenbezogene Daten geschäftsmäßig zum Zwecke der Übermittlung ohne Kenntnis des Betroffenen gespeichert, ist der Betroffene von der erstmaligen Übermittlung und der Art der übermittelten Daten zu benachrichtigen. Der Betroffene ist in den Fällen der Sätze 1 und 2 auch über die Kategorien von Empfängern zu unterrichten, soweit er nach den Umständen des Einzelfalles nicht mit der Übermittlung an diese rechnen muss.

(2) Eine Pflicht zur Benachrichtigung besteht nicht, wenn
1. der Betroffene auf andere Weise Kenntnis von der Speicherung oder der Übermittlung erlangt hat,
2. die Daten nur deshalb gespeichert sind, weil sie aufgrund gesetzlicher, satzungsmäßiger oder vertraglicher Aufbewahrungsvorschriften nicht gelöscht werden dürfen oder ausschließlich der Datensicherung oder der Datenschutzkontrolle dienen und eine Benachrichtigung einen unverhältnismäßigen Aufwand erfordern würde,
3. die Daten nach einer Rechtsvorschrift oder ihrem Wesen nach, namentlich wegen des überwiegenden rechtlichen Interesses eines Dritten, geheimgehalten werden müssen,
4. die Speicherung über Übermittlung durch Gesetz ausdrücklich vorgesehen ist,
5. die Speicherung oder Übermittlung für Zwecke der wissenschaftlichen Forschung erforderlich ist und eine Benachrichtigung einen unverhältnismäßigen Aufwand erfordern würde,
6. die zuständige öffentliche Stelle gegenüber der verantwortlichen Stelle festgestellt hat, daß das Bekanntwerden der Daten die öffentliche Sicherheit oder Ordnung gefährden oder sonst dem Wohle des Bundes oder eines Landes Nachteile bereiten würde,
7. die Daten für eigene Zwecke gespeichert sind und
   a) aus allgemein zugänglichen Quellen entnommen sind und eine Benachrichtigung wegen der Vielzahl der betroffenen Fälle unverhältnismäßig ist, oder
   b) die Benachrichtigung die Geschäftszwecke der verantwortlichen Stelle erheblich gefährden würde, es sei denn, daß das Interesse an der Benachrichtigung die Gefährdung überwiegt, oder
8. die Daten geschäftsmäßig zum Zwecke der Übermittlung gespeichert sind und
   a) aus allgemein zugänglichen Quellen entnommen sind, soweit sie sich auf diejenigen Personen beziehen, die diese Daten veröffentlicht haben, oder
   b) es sich um listenmäßig oder sonst zusammengefasste Daten handelt (§ 29 Abs. 2 Nr. 1 Buchstabe b)
und eine Benachrichtigung wegen der Vielzahl der betroffenen Fälle unverhältnismäßig ist.

Die verantwortliche Stelle legt schriftlich fest, unter welchen Voraussetzungen von einer Benachrichtigung nach Satz 1 Nr. 2 bis 7 abgesehen wird.

§ 34
Auskunft an den Betroffenen

(1) Der Betroffene kann Auskunft verlangen über
1. die zu seiner Person gespeicherten Daten, auch soweit sie sich auf die Herkunft dieser Daten beziehen,
2. Empfänger oder Kategorien von Empfängern, an die Daten weitergegeben werden, und
3. den Zweck der Speicherung.

Er soll die Art der personenbezogenen Daten, über die Auskunft erteilt werden soll, näher bezeichnen. Werden die personenbezogenen Daten geschäftsmäßig zum Zwecke der Übermittlung gespeichert, kann der Betroffene über Herkunft und Empfänger nur Auskunft verlangen, sofern nicht das Interesse an der Wahrung des Geschäftsgeheimnisses überwiegt. In diesem Falle ist Auskunft über Herkunft und Empfänger auch dann zu erteilen, wenn diese Angaben nicht gespeichert sind.

(2) Der Betroffene kann von Stellen, die geschäftsmäßig personenbezogene Daten zum Zwecke der Auskunftserteilung speichern, Auskunft über seine personenbezogenen Daten verlangen, auch wenn sie weder in einer automatisierten Verarbeitung noch in einer nicht automatisierten Datei gespeichert sind. Auskunft über Herkunft und Empfänger kann der Betroffene nur verlangen, sofern nicht das Interesse an der Wahrung des Geschäftsgeheimnisses überwiegt.

(3) Die Auskunft wird schriftlich erteilt, soweit nicht wegen der besonderen Umstände eine andere Form der Auskunftserteilung angemessen ist.

(4) Eine Pflicht zur Auskunftserteilung besteht nicht, wenn der Betroffene nach § 33 Abs. 2 Satz 1 Nr. 2, 3 und 5 bis 7 nicht zu benachrichtigen ist.

(5) Die Auskunft ist unentgeltlich. Werden die personenbezogenen Daten geschäftsmäßig zum Zwecke der Übermittlung gespeichert, kann jedoch ein Entgelt verlangt werden, wenn der Betroffene die Auskunft gegenüber Dritten zu wirtschaftlichen Zwecken nutzen kann. Das Entgelt darf über die durch die Auskunftserteilung entstandenen direkt zurechenbaren Kosten nicht hinausgehen. Ein Entgelt kann in den Fällen nicht verlangt werden, in denen besondere Umstände die Annahme rechtfertigen, daß Daten unrichtig oder unzulässig gespeichert werden, oder in denen die Auskunft ergibt, daß die Daten zu berichtigen oder unter der Voraussetzung des § 35 Abs. 2 Satz 2 Nr. 1 zu löschen sind.

(6) Ist die Auskunftserteilung nicht unentgeltlich, ist dem Betroffenen die Möglichkeit zu geben, sich im Rahmen seines Auskunftsanspruchs persönlich Kenntnis über die ihn betreffenden Daten und Angaben zu verschaffen. Er ist hierauf in geeigneter Weise hinzuweisen.

§ 35
Berichtigung, Löschung und Sperrung von Daten

(1) Personenbezogene Daten sind zu berichtigen, wenn sie unrichtig sind.

(2) Personenbezogene Daten können außer in den Fällen des Absatzes 3 Nr. 1 und 2 jederzeit gelöscht werden. Personenbezogene Daten sind zu löschen, wenn
1. ihre Speicherung unzulässig ist,
2. es sich um Daten über die rassische oder ethnische Herkunft, politische Meinungen, religiöse oder philosophische Überzeugungen oder die Gewerk-schaftszugehörigkeit, über Gesundheit oder das Sexualleben, strafbare Handlungen oder Ordnungswidrigkeiten handelt und ihre Richtigkeit von der verantwortlichen Stelle nicht bewiesen werden kann,
3. sie für eigene Zwecke verarbeitet werden, sobald ihre Kenntnis für die Erfüllung des Zweckes der Speicherung nicht mehr erforderlich ist, oder
4. sie geschäftsmäßig zum Zweck der Übermittlung verarbeitet werden und eine Prüfung jeweils am Ende des vierten Kalenderjahres beginnend mit ihrer erstmaligen Speicherung ergibt, dass eine längerwährende Speicherung nicht erforderlich ist.

(3) An die Stelle einer Löschung tritt eine Sperrung, soweit

1. im Falle des Absatzes 2 Nr. 3 einer Löschung gesetzliche, satzungsmäßige oder vertragliche Aufbewahrungsfristen entgegenstehen,
2. Grund zu der Annahme besteht, daß durch eine Löschung schutzwürdige Interessen des Betroffenen beeinträchtigt würden, oder
3. eine Löschung wegen der besonderen Art der Speicherung nicht oder nur mit unverhältnismäßig hohem Aufwand möglich ist.

(4) Personenbezogene Daten sind ferner zu sperren, soweit ihre Richtigkeit vom Betroffenen bestritten wird und sich weder die Richtigkeit noch die Unrichtigkeit feststellen läßt.

(5) Personenbezogene Daten dürfen nicht für eine automatisierte Verarbeitung oder Verarbeitung in nicht automatisierten Dateien erhoben, verarbeitet oder genutzt werden, soweit der Betroffene dieser bei der verantwortlichen Stelle widerspricht und eine Prüfung ergibt, dass das schutzwürdige Interesse des Betroffenen wegen seiner besonderen persönlichen Situation das Interesse der verantwortlichen Stelle an dieser Erhebung, Verarbeitung oder Nutzung überwiegt. Satz 1 gilt nicht, wenn eine Rechtsvorschrift zur Erhebung, Verarbeitung oder Nutzung verpflichtet.

(6) Personenbezogene Daten, die unrichtig sind oder deren Richtigkeit bestritten wird, müssen bei der geschäftsmäßigen Datenspeicherung zum Zwecke der Übermittlung außer in den Fällen des Absatzes 2 Nr. 2 nicht berichtigt, gesperrt oder gelöscht werden, wenn sie aus allgemein zugänglichen Quellen entnommen und zu Dokumentationszwecken gespeichert sind. Auf Verlangen des Betroffenen ist diesen Daten für die Dauer der Speicherung seine Gegendarstellung beizufügen. Die Daten dürfen nicht ohne diese Gegendarstellung übermittelt werden.

(7) Von der Berichtigung unrichtiger Daten, der Sperrung bestrittener Daten sowie der Löschung oder Sperrung wegen Unzulässigkeit der Speicherung sind die Stellen zu verständigen, denen im Rahmen einer Datenübermittlung diese Daten zur Speicherung weitergegeben werden, wenn dies keinen unverhältnismäßigen Aufwand erfordert und schutzwürdige Interessen des Betroffenen nicht entgegenstehen.

(8) Gesperrte Daten dürfen ohne Einwilligung des Betroffenen nur übermittelt oder genutzt werden, wenn
1. es zu wissenschaftlichen Zwecken, zur Behebung einer bestehenden Beweisnot oder aus sonstigen im überwiegenden Interesse der verantworlichen Stelle oder eines Dritten liegenden Gründen unerläßlich ist und

2. die Daten hierfür übermittelt oder genutzt werden dürften, wenn sie nicht gesperrt wären.

Dritter Unterabschnitt
Aufsichtsbehörde

§§ 36 und 37
(weggefallen)

§ 38
Aufsichtsbehörde

(1) Die Aufsichtsbehörde kontrolliert die Ausführung dieses Gesetzes sowie anderer Vorschriften über den Datenschutz, soweit diese die automatisierte Verarbeitung personenbezogener Daten oder die Verarbeitung oder Nutzung personenbezogener Daten in oder aus nicht automatisierten Dateien regeln einschließlich des Rechts der Mitgliedstaaten in den Fällen des § 1 Abs. 5. Sie berät und unterstützt die Beauftragten für den Datenschutz und die verantwortlichen Stellen mit Rücksicht auf deren typische Bedürfnisse. Die Aufsichtsbehörde darf die von ihr gespeicherten Daten nur für Zwecke der Aufsicht verarbeiten und nutzen; § 14 Abs. 2 Nr. 1 bis 3, 6 und 7 gilt entsprechend. Insbesondere darf die Aufsichtsbehörde zum Zweck der Aufsicht Daten an andere Aufsichtsbehörden übermitteln. Sie leistet den Aufsichtsbehörden anderer Mitgliedstaaten der Europäischen Union auf Ersuchen ergänzende Hilfe (Amtshilfe). Stellt die Aufsichtsbehörde einen Verstoß gegen dieses Gesetz oder andere Vorschriften über den Datenschutz fest, so ist sie befugt, die Betroffenen hierüber zu unterrichten, den Verstoß bei den für die Verfolgung oder Ahndung zuständigen Stellen anzuzeigen sowie bei schwerwiegenden Verstößen die Gewerbeaufsichtsbehörde zur Durchführung gewerberechtlicher Maßnahmen zu unterrichten. Sie veröffentlicht regelmäßig, spätestens alle zwei Jahre, einen Tätigkeitsbericht. § 21 Satz 1 und § 23 Abs. 5 Satz 4 bis 7 gelten entsprechend.

(2) Die Aufsichtsbehörde führt ein Register der § 4d meldepflichtige automatisierten Verarbeitungen mit den Angaben nach § 4e Satz 1. Die Aufsichtsbehörde führt das Register nach § 32 Abs. 2. Das Einsichtsrecht erstreckt sich nicht auf die Angaben nach § 4e Satz 1 Nr. 9 sowie auf die Angabe der zugriffsberechtigten Personen. Das Register kann von jedem eingesehen werden.

(3) Die der Kontrolle unterliegenden Stellen sowie die mit deren Leitung beauftragten Personen haben der Aufsichtsbehörde auf Verlangen die für die Erfüllung ihrer Aufgaben erforderlichen Auskünfte unverzüglich zu erteilen. Der Auskunftspflichtige kann die Auskunft auf solche Fragen verweigern, deren Beantwortung ihn selbst oder einen der in § 383 Abs. 1 Nr. 1 bis 3 der Zivilprozeßordnung bezeichneten Angehörigen der Gefahr strafgerichtlicher Verfolgung oder eines Verfahrens nach dem Gesetz über Ordnungswidrigkeiten aussetzen würde. Der Auskunftspflichtige ist darauf hinzuweisen.

(4) Die von der Aufsichtsbehörde mit der Kontrolle beauftragten Personen sind befugt, soweit es zur Erfüllung der der Aufsichtsbehörde übertragenen Aufgaben erforderlich ist, während der Betriebs- und Geschäftszeiten Grundstücke und Geschäftsräume der Stelle zu betreten und dort Prüfungen und Besichtigungen vorzunehmen. Sie können geschäftliche Unterlagen, insbesondere die Übersicht nach § 4g Abs. 2 Satz 1 sowie die gespeicherten personenbezogenen Daten und die Datenverarbeitungsprogramme, einsehen. § 24 Abs. 6 gilt entsprechend. Der Auskunftspflichtige hat diese Maßnahmen zu dulden.

(5) Zur Gewährleistung des Datenschutzes nach diesem Gesetz und anderen Vorschriften über den Datenschutz, soweit diese die automatisierte Verarbeitung personenbezogener Daten oder die Verarbeitung personenbezogener Daten in oder aus nicht automatisierten Dateien regeln, kann die Aufsichtsbehörde anordnen, daß im Rahmen der Anforderungen nach § 9 Maßnahmen zur Beseitigung festgestellter technischer oder organisatorischer Mängel getroffen werden. Bei schwerwiegenden Mängeln dieser Art, insbesondere, wenn sie mit besonderer Gefährdung des Persönlichkeitsrechts verbunden sind, kann sie den Einsatz einzelner Verfahren untersagen, wenn die Mängel entgegen der Anordnung nach Satz 1 und trotz der Verhängung eines Zwangsgeldes nicht in angemessener Zeit beseitigt werden. Sie kann die Abberufung des Beauftragten für den Datenschutz verlangen, wenn er die zur Erfüllung seiner Aufgaben erforderliche Fachkunde und Zuverlässigkeit nicht besitzt.

(6) Die Landesregierungen oder die von ihnen ermächtigten Stellen bestimmen die für die Kontrolle der Durchführung des Datenschutzes im Anwendungsbereich dieses Abschnittes zuständigen Aufsichtsbehörden.

(7) Die Anwendung der Gewerbeordnung auf die den Vorschriften dieses Abschnitts unterliegenden Gewerbebetriebe bleibt unberührt.

§ 38a
Verhaltensregeln zur Förderung der Durchführung datenschutzrechtlicher Regelungen

(1) Berufsverbände und andere Vereinigungen, die bestimmte Gruppen von verantwortlichen Stellen vertreten, können Entwürfe für Verhaltensregeln zur Förderung der Durchführung von datenschutzrechtlichen Regelungen der zuständigen Aufsichtsbehörde unterbreiten.

44

(2) Die Aufsichtsbehörde überprüft die Vereinbarkeit der ihr unterbreiteten Entwürfe mit dem geltenden Datenschutzrecht.

Vierter Abschnitt
Sondervorschriften

§ 39
Zweckbindung bei personenbezogenen Daten, die einem Berufs- oder besonderen Amtsgeheimnis unterliegen

(1) Personenbezogene Daten, die einem Berufs- oder besonderen Amtsgeheimnis unterliegen und die von der zur Verschwiegenheit verpflichteten Stelle in Ausübung ihrer Berufs- oder Amtspflicht zur Verfügung gestellt worden sind dürfen von der verantworlichen Stelle nur für den Zweck verarbeitet oder genutzt werden, für den sie sie erhalten hat. In die Übermittlung an eine nicht-öffentliche Stelle muß die zur Verschwiegenheit verpflichtete Stelle einwilligen.

(2) Für einen anderen Zweck dürfen die Daten nur verarbeitet oder genutzt werden, wenn die Änderung des Zwecks durch besonderes Gesetz zugelassen ist.

§ 40
Verarbeitung und Nutzung personenbezogener Daten durch Forschungseinrichtungen

(1) Für Zwecke der wissenschaftlichen Forschung erhobene oder gespeicherte personenbezogene Daten dürfen nur für Zwecke der wissenschaftlichen Forschung verarbeitet oder genutzt werden.

(2) Die personenbezogenen Daten sind zu anonymisieren, sobald dies nach dem Forschungszweck möglich ist. Bis dahin sind die Merkmale gesondert zu speichern, mit denen Einzelangaben über persönliche oder sachliche Verhältnisse einer bestimmten oder bestimmbaren Person zugeordnet werden können. Sie dürfen mit den Einzelangaben nur zusammengeführt werden, soweit der Forschungszweck dies erfordert.

(3) Die wissenschaftliche Forschung betreibenden Stellen dürfen personenbezogene Daten nur veröffentlichen, wenn
1. der Betroffene eingewilligt hat oder
2. dies für die Darstellung von Forschungsergebnissen über Ereignisse der Zeitgeschichte unerläßlich ist.

§ 41
Erhebung, Verarbeitung und Nutzung personenbezogener Daten durch die Medien

(1) Die Länder haben in ihrer Gesetzgebung vorzusehen, dass für die Erhebung, Verarbeitung und Nutzung personenbezogener Daten von Unternehmen und Hilfsunternehmen der Presse ausschließlich zu eigenen journalistisch-redaktionellen oder literarischen Zwecken den Vorschriften der §§ 5, 9 und 38a entsprechende Regelungen einschließlich einer hierauf bezogenen Haftungsregelung entsprechend § 7 zur Anwendung kommen.

(2) Führt die journalistisch-redaktionelle Erhebung, Verarbeitung oder Nutzung personenbezogener Daten durch die Deutsche Welle zur Veröffentlichung von Gegendarstellungen des Betroffenen, so sind diese Gegendarstellungen zu den gespeicherten Daten zu nehmen und für dieselbe Zeitdauer aufzubewahren wie die Daten selbst.

(3) Wird jemand durch eine Berichterstattung der Deutsche Welle in seinem Persönlichkeitsrecht beeinträchtigt, so kann er Auskunft über die der Berichterstattung zugrundeliegenden, zu seiner Person gespeicherten Daten verlangen. Die Auskunft kann nach Abwägung der schutzwürdigen Interessen der Beteiligten verweigert werden, soweit
1. aus den Daten auf Personen, die bei der Vorbereitung, Herstellung oder Verbreitung von Rundfunksendungen berufsmäßig journalistisch mitwirken oder mitgewirkt haben, geschlossen werden kann,
2. aus den Daten auf die Person des Einsenders oder des Gewährsträgers von Beiträgen, Unterlagen und Mitteilungen für den redaktionellen Teil geschlossen werden kann,
3. durch die Mitteilung der recherchierten oder sonst erlangten Daten die journalistische Aufgabe der Deutschen Welle durch Ausforschung des Informationsbestandes beeinträchtigt würde.

(4) Im übrigen gelten für die Deutsche Welle von den Vorschriften dieses Gesetzes die §§ 5, 7, 9 und § 38a. Anstelle der §§ 24 bis 26 gilt § 42, auch soweit es sich um Verwaltungsangelegenheiten handelt.

§ 42
Datenschutzbeauftragter der Deutschen Welle

(1) Die Deutsche Welle bestellt einen Beauftragten für den Datenschutz, der an die Stelle des Bundesbeauftragten für den Datenschutz und die Informationsfreiheit tritt. Die Bestellung erfolgt auf Vorschlag des Intendanten durch den Verwaltungsrat

für die Dauer von vier Jahren, wobei Wiederbestellungen zulässig sind. Das Amt eines Beauftragten für den Datenschutz kann neben anderen Aufgaben innerhalb der Rundfunkanstalt wahrgenommen werden.

(2) Der Beauftragte für den Datenschutz kontrolliert die Einhaltung der Vorschriften dieses Gesetzes sowie anderer Vorschriften über den Datenschutz. Er ist in Ausübung dieses Amtes unabhängig und nur dem Gesetz unterworfen. Im übrigen untersteht er der Dienst- und Rechtsaufsicht des Verwaltungsrates.

(3) Jedermann kann sich entsprechend § 21 Satz 1 an den Beauftragten für den Datenschutz wenden.

(4) Der Beauftragte für den Datenschutz erstattet den Organen der Deutschen Welle alle zwei Jahre, erstmals zum 1. Januar 1994 einen Tätigkeitsbericht. Er erstattet darüber hinaus besondere Berichte auf Beschluß eines Organes der Deutschen Welle. Die Tätigkeitsberichte übermittelt der Beauftragte auch an den Bundesbeauftragten für den Datenschutz und die Informationsfreiheit.

(5) Weitere Regelungen entsprechend den §§ 23 bis 26 trifft die Deutsche Welle für ihren Bereich. Die §§ 4f und 4g bleiben unberührt.

Fünfter Abschnitt
Schlußvorschriften

§ 43
Bußgeldvorschriften

(1) Ordnungswidrig handelt, wer vorsätzlich oder fahrlässig
1. entgegen § 4d Abs. 1, auch in Verbindung mit § 4e Satz 2, eine Meldung nicht, nicht richtig, nicht vollständig oder nicht rechtzeitig macht,
2. entgegen § 4f Abs. 1 Satz 1 oder 2, jeweils auch in Verbindung mit Satz 3 und 6, einen Beauftragten für den Datenschutz nicht, nicht in der vorgeschriebenen Weise oder nicht rechtzeitig bestellt,
3. entgegen § 28 Abs. 4 Satz 2 den Betroffenen nicht, nicht richtig oder nicht rechtzeitig unterrichtet oder nicht sicherstellt, dass der Betroffene Kenntnis erhalten kann,
4. entgegen § 28 Abs. 5 Satz 2 personenbezogene Daten übermittelt oder nutzt,
5. entgegen § 29 Abs. 2 Satz 3 oder 4 die dort bezeichneten Gründe oder die Art und Weise ihrer glaubhaften Darlegung nicht aufzeichnet,
6. entgegen § 29 Abs. 3 Satz 1 personenbezogene Daten in elektronische oder gedruckte Adress-,

Rufnummern-, Branchen- oder vergleichbare Verzeichnisse aufnimmt,
7. entgegen § 29 Abs. 3 Satz 2 die Übernahme von Kennzeichnungen nicht sicherstellt,
8. entgegen § 33 Abs. 1 den Betroffenen nicht, nicht richtig oder nicht vollständig benachrichtigt,
9. entgegen § 35 Abs. 6 Satz 3 Daten ohne Gegendarstellung übermittelt,
10. entgegen § 38 Abs. 3 Satz 1 oder Abs. 4 Satz 1 eine Auskunft nicht, nicht richtig, nicht vollständig oder nicht rechtzeitig erteilt oder eine Maßnahme nicht duldet oder
11. einer vollziehbaren Anordnung nach § 38 Abs. 5 Satz 1 zuwiderhandelt.

(2) Ordnungswidrig handelt, wer vorsätzlich oder fahrlässig
1. unbefugt personenbezogene Daten, die nicht allgemein zugänglich sind, erhebt oder verarbeitet,
2. unbefugt personenbezogene Daten, die nicht allgemein zugänglich sind, zum Abruf mittels automatisierten Verfahrens bereithält,
3. unbefugt personenbezogene Daten, die nicht allgemein zugänglich sind, abruft oder sich oder einem anderen aus automatisierten Verarbeitungen oder nicht automatisierten Dateien verschafft,
4. die Übermittlung von personenbezogenen Daten, die nicht allgemein zugänglich sind, durch unrichtige Angaben erschleicht,
5. entgegen § 16 Abs. 4 Satz 1, § 28 Abs. 5 Satz 1, auch in Verbindung mit § 29 Abs. 4, § 39 Abs. 1 Satz 1 oder § 40 Abs. 1, die übermittelten Daten für andere Zwecke nutzt, indem er sie an Dritte weitergibt, oder
6. entgegen § 30 Abs. 1 Satz 2 die in § 30 Abs. 1 Satz 1 bezeichneten Merkmale oder entgegen § 40 Abs. 2 Satz 3 die in § 40 Abs. 2 Satz 2 bezeichneten Merkmale mit den Einzelangaben zusammenführt.

(3) Die Ordnungswidrigkeit kann im Falle des Absatzes 1 mit einer Geldbuße bis zu fünfundzwanzigtausend Euro, in den Fällen des Absatzes 2 mit einer Geldbuße bis zu zweihundertfünfzigtausend Euro geahndet werden.

§ 44
Strafvorschriften

(1) Wer eine in § 43 Abs. 2 bezeichnete vorsätzliche Handlung gegen Entgelt oder in der Absicht, sich oder einen anderen zu bereichern oder einen anderen zu schädigen, begeht, wird mit Freiheitsstrafe bis zu zwei Jahren oder mit Geldstrafe bestraft.

(2) Die Tat wird nur auf Antrag verfolgt. Antragsberechtigt sind der Betroffene, die verantwortliche Stelle, der Bundesbeauftragte für den Datenschutz